科学与中国

十年辉煌 光耀神州

科学、技术与社会集

白春礼 主编

图书在版编目（CIP）数据

科学与中国：十年辉煌 光耀神州（10集）/白春礼主编. —北京：北京大学出版社，2012.10

ISBN 978-7-301-21103-8

I. 科… II. 白… III. ①科技发展–成就–中国 ②技术革新–成就–中国 IV. ①N12 ②F124.3

中国版本图书馆CIP数据核字（2012）第189567号

书　　　　名：	科学与中国——十年辉煌 光耀神州（10集）
著作责任者：	白春礼　主编
丛 书 策 划：	周雁翎
丛 书 主 持：	陈　静
责 任 编 辑：	陈　静　李淑方　于　娜　郭　莉
	邹艳霞　刘　军　唐知涵　周雁翎
标 准 书 号：	ISBN 978-7-301-21103-8/G·3485
出 版 发 行：	北京大学出版社　　新浪官方微博：@北京大学出版社
地　　　　址：	北京市海淀区成府路205号　100871
网　　　　址：	http://cbs.pku.edu.cn
电　　　　话：	邮购部 62752015　发行部 62750672
	编辑部 62767857　出版部 62754962
电 子 信 箱：	zyl@pup.pku.edu.cn
印　刷　者：	北京中科印刷有限公司
经　销　者：	新华书店
	650毫米×980毫米　16开本　200印张　1690千字
	2012年10月第1版　2013年5月第2次印刷
定　　　　价：	860.00元（10集）

未经许可，不得以任何方式复制或抄袭本书之部分或全部内容。
版权所有，侵权必究
举报电话：010-62752024　电子信箱：fd@pup.pku.edu.cn

编委会名单

主　编　白春礼

委　员（以姓氏笔画为序）

王　宇　　王延觉　　石耀霖　　叶培建　　戎嘉余
朱　荻　　朱邦芬　　朱雪芬　　刘嘉麒　　安耀辉
孙德立　　李　灿　　吴一戎　　何积丰　　张　杰
张启发　　陈凯先　　陈建生　　周其凤　　南策文
侯凡凡　　郭光灿　　曹效业　　康　乐

秘书处

周德进　　王敬泽　　刘春杰　　曾建立　　李　楠
邱成利　　刘　静　　李　芳　　欧建成　　丁　颖
赵　军　　谢光锋　　林宏侠　　马新勇　　申倚敏
张家元　　傅　敏　　向　岚　　高洁雯

序　言

十年前，由中国科学院牵头策划，并联合中共中央宣传部、教育部、科学技术部、中国工程院和中国科学技术协会共同主办的"科学与中国"院士专家巡讲活动拉开了帷幕。这项活动历经十载，作为我国的一项高端科普品牌活动，得到了广大院士和专家的积极响应，以及社会公众的广泛支持和热烈欢迎。十年来，巡讲团举办科普报告800余场，涉及科技发展历史回顾、科技前沿热点探讨、科学伦理道德建设、科技促进经济发展、科技推动社会进步等五个方面，取得了良好的社会反响，在弘扬科学精神、普及科学知识、传播科学思想、倡导科学方法等方面作出了突出的贡献。

"科学与中国"院士专家巡讲团由一大批著名科学家组成，阵容强大，演讲内容除涉及自然科学领域外，还触及科学与经济、社会发展等人文领域，重点针对"气候与环境"、"战略性新兴产业"、"科学伦理道德"、"振兴老工业基地"、"疾病传染与保健"等社会关注的焦点问题和世界科技热点,精心安排全国各地的主题巡讲活动。同时,该活动还结合学部咨询研究和地方科技服务等工作开展调查研究,扩大巡讲实效。近年来,巡讲团针对不同人群的需要,创新开展活动的组织形式,分别在科技馆和党校开辟了面向社会公众和公务员的"科学讲坛"科普阵地,举办了资深院士与中小学生"面对面"对话交流活动。这些活动的实施在激励青少年学生成长成才和献身科学事业、培养广大领导干部科学思维与科学决策、引导社会公众全面正确认识科学技术等方面都起到了积极作用。如今,"科学与中国"院士专家巡讲活动已经成为我国高层次的科学文化传播活动,是科学家与公众的交流桥梁,是科学真谛与求知欲望紧密联结的纽带,是传播科学的火种。

科技创新,关键在人才,基础在教育。进入21世纪以来,世界科技发展势头更加迅猛,不断孕育出新的重大突破,为人类社会的发展勾勒出新的前景,世界政治、经济和安全格局正在发生重大变化。随着人类文明在全球化、信息化方面的进一

序　言

步发展,国家间综合国力的竞争聚焦于科技创新和科技制高点的竞争,竞争的重点在人才,基础在教育。胡锦涛同志在2006年全国科学技术大会上曾经指出,要"创造良好环境,培养造就富有创新精神的人才队伍"。是否能源源不断地培养出大批高素质拔尖创新人才,直接关系到我国科技事业的前途和国家、民族的命运。由于历史的原因,作为一个人口大国,我国公众整体科学素养水平相对较低,此外,由于经济、社会发展不均衡,公众科学素养存在很大的城乡差别、地区差别、职业差别。所以,我国的科普工作作为公众科学教育的重要环节,面临着更加复杂的环境。中国科学院应当充分发挥自身的资源优势,动员和组织广大院士和科技专家以多种形式宣传科技知识,传播科学理念,积极开展科普活动,把传播知识放在与转移技术同样重要的位置,为培育高素质创新人才创造良好的环境条件并作出应有的贡献。

中国科学院学部联合社会力量共同开展高端科普工作的积极意义,不仅在于让公众了解自然科学知识,更在于提高公众对前沿科技的把握,特别是加深其对科学研究本身的思想、方法、精神、价值、准则的理解,这是对大中小学课程和社会公众再教育的重要补充。只有让公众理解科学,才能聚集宏大的人才队伍投身于科技创新事业,才能迸发持续不断的创新源泉,凝结为创新成果。

我们向社会公开出版院士专家的演讲报告文集,希望读者能够通过仔细阅读,深度体会科学家们的科学思想和科学方法,感受质疑、批判等科学精神和科学态度,理解科技的道德和伦理准则,把握先进文化和人类文明的发展方向,并在实际工作和社会生活中切实加以体会和运用。这也是中国科学院学部科学引导公众、支撑国家科学发展的职责之所在。

是为序。

2012年春

目 录

李国杰：高技术与中国 / 1

郑时龄：全球化影响下的中国建筑 / 41

陆大道：实施科学发展观，走可持续发展之路 / 69

朱之鑫：大力推进科技进步，促进经济社会持续快速协调健康发展 / 91

路甬祥：世界科技发展的新趋势及其影响 / 109

何传启：中国现代化现状与前景 / 145

卢良恕：发展现代农业是建设社会主义新农村的重要着力点 / 187

郭重庆：制造业发展趋势与中国制造业发展战略选择 / 205

秦伯益：中国近现代社会政治状况对科学技术发展的影响 / 227

黄本立：科学精神和科学道德 / 249

何祚庥：当代科学的发展及其对中国科技的启示 / 273

涂元季：钱学森的科学精神 / 299

李曙光：科学人生体验 / 323

朱作言：建设基于中国科技发展的国际学术交流平台 / 377

高技术与中国

李国杰

一、对高技术的理解
二、对信息技术的几点认识
三、关于发展高技术的战略导向的思考
四、从事高技术研究与高技术产业化的体会

【作者简介】李国杰,1943年5月生于湖南邵阳,1968年毕业于北京大学,1981年获中国科学院工学硕士学位,1985年获美国普渡大学博士学位。1985—1986年在美国伊利诺依大学CSL实验室作博士后,研究计算机体系结构。1987年回到中国科学院计算技术研究所工作,1989年被该研究所聘为研究员。1990年被国家科委选聘为国家智能计算机研究开发中心主任,并担任国家高技术计划("863"计划)智能计算机主题专家组副组长。

主要致力于并行处理、计算机体系结构、人工智能等领域的研究,发表了100多篇学术论文,在4本英文专著中撰写了部分篇章。目前担任计算机学报(英文版)主编。

主持研制成功了"曙光1号"并行计算机,"曙光1000"大规模并行机,"曙光2000"、"曙光3000"超级服务器;领导计算技术研究所成功研制出"龙芯"CPU,并主持中国科学院重大项目IPv6网络研究。其中,"曙光1号"获1994年中国科学院科技进步特等奖和1995年国家科学技术进步二等奖;"曙光1000"获得1996年中国科学院科技进步特等奖和1997年国家科学技术进步一等奖;"曙光2000"和"曙光3000"分别获得2001年和2003年国家科技进步二等奖。

1994年获得首届何梁何利基金科技进步奖,1995年被选为中国工程院院士。2000年被评为全国先进工作者。2001年获得美国普渡大学杰出校友奖。2002年当选为第三世界科学院院士。李国杰院士曾任中国科学院计算所所长、中国工程院信息与电子学部主任、中国计算机学会理事长、全国人大代表、"863"信息领域专家委员会副主任等,现为国家信息化专家咨询委员会委员。

高技术与中国

我们这一代人是在毛泽东思想的熏陶下成长起来的。我们国家几代领导人对科学技术非常重视，而且一代比一代更重视。大家如果查一查国际上综合国力竞争力报告，在政府对科学的重视程度排名里，我国政府排得很靠前。我记不清具体的数字，印象中是在10名以内。我们国家领导人对科技的重视还体现在这一次集中了1 000多位科学家做中长期科技发展规划。

我今天所讲的内容是自己对高技术的一些理解和

▲图1　毛主席在翻阅文献书籍

科学、技术与社会集

对发展高技术战略导向的一些思考,也讲一讲自己从事高技术研究和产业化的一点体会。想跟大家讲清楚的一点就是,我这个报告留给大家的,一定是一大堆问号,不会是一堆定义、表格和结论。我记得中国科学院的前副院长钱三强老先生有一句名言,大意是说,一个大学生,当他离开大学的时候,他带走的应该是一堆问号,而不是他那点知识。我这个报告也不会讲得很详细,也会留下一堆问号,请大家回去自己思考。

一、对高技术的理解

什么是高技术?什么是高技术产业?我第一个要提醒大家的是,希望大家不要从定义出发,不要去争论什么叫高技术。因为一个正确的定义往往是在事情完成以后得到的共识。在事前,有各种各样的说法,都讲不清楚,而我们国家有喜欢"正名"的传统,经常浪费很多精力去争论。但虽然这样讲,我还是要给出一些常用的高技术的概念,就是国际上常说的高技术范围。美国的大辞典这样定义:"用先进的仪器、设备的科学技术。"美国的科学技术决策词汇表上所下的定义是:基于高科学输入。High Science 好像平常不太讲,其意思是高技术要基于新的科学发现和理论。日本学者的定义是:高级尖端技术。中国的高技术辞典中说:"高技术产业是基于科学发现和创新的技术。"它的特点是具有战略性、创新性、高增值性、高渗透性、高投入性、高风险性和高竞争性。

这样一来就有一个很大的难题。在中长期科技发展战略研究中,我们那个专题组叫做"战略高技术专题组"。很多人就说,你们不是高技术研究的专题组,你们是战略高技术专题组。言下之意就是说,在高技术之中,还有战略高技术,比高技术还高技术。但是,按照上面的说法,高技术的第一个特征就是"战略性",所有的高技术都应该有战略性,要从定义出发就搞不清楚了。那么,管理高技术产业的官方怎么说呢?世界经济合作组织认为,高技术的主要指标是高的R&D投入。他们统计了一下,拿R&D投入和总的销售收入来比,传统产业大概是2.5%,航空航天大概是15%,计算机和办公设备大概是11.5%,医药制造大概是10.5%,电子通信大概是8%。他们就把这些研发投入占销售收入8%以上的行业叫做高技术产业。另外一个很重要的依据就是R&D人数占全体职工人数的比例。某行业如果要属于高技术产业,它的R&D比例应高于一般制造业的一倍,也就是R&D经费占企业销售收入的比例要高于一般制造业的一倍,这是很重要的一个参数。

国家计委(现在叫发改委)查了一下我国传统制造业的R&D投入比例,查出来是2.6%,那么乘以2,就是

5.2%，只要一个产业的R&D投入大于它的销售额的5.2%，就叫高技术产业。符合这个定义的高技术产业，我国只有电子计算机、通信、药品制造、航空航天，国外也差不多这几个行业。

现在又来了一个问题，我国有很多高新技术开发区，多了一个"新"字，英文怎么翻译？翻译为High New Technology有点别扭。但是，这个词的出现是有道理的，是为了把在刚才那个定义范围以外的新技术纳入进来，享受"高技术"的优惠政策。这实际上就等于承认在不是所谓高技术的传统产业里面，也有一些新技术跟高技术一样重要。

实际上，我们真正需要的是高效益技术，或叫高增值的技术，而不是高投入的技术，规定R&D投入比大于5.2%，实际上等于说，一定是高投入的技术，但高投入并不等于高效益。我们应该重视的是，所谓高技术产业中那些有高增值的环节。高技术产业有高增值的环节，也有低增值的环节，真正应该鼓励的是各个行业中那些高增值的环节，特别是那些拥有自己知识产权的高增值环节，而不是笼统的高技术产业。

我不是一个企业家，虽然下过海，也曾经当过总裁，2000年回到计算所就不当总裁了。根据我办企业的体会，我认为，一个企业创造财富，大概有四大要素：技术、资金、管理、人力。

根据这些创造财富的关键要素,企业应该分成四种:一个是高技术企业,也就是所谓的技术密集型企业;一个是所谓的高资本企业,即资本密集型企业;还有一个应该是高管理的企业,即所谓管理密集型企业;再有一个就是高人力的企业,也就是所谓的劳动密集型企业。一个企业可以既是一个高技术企业,同时又是一个高资金投入的企业,或者是一个高人力投入的企业,这不是单一的,很可能是兼有几种。合理的政策就应该用统筹的办法来全面考虑各种不同的要素,而不是单一的一个要素。

在做中长期发展战略研究时,我们的组长路甬祥院长主持我们专题组讨论过哪些技术算战略高技术。战略高技术包括事关国防和国家安全的关键高技术、技术制高点或可克敌制胜的杀手锏;可化解制约我国经济社会发展的资源、能源、生态环境约束的关键技术;能显著提升21世纪我国经济和产业国际竞争力和实现产业技术跨越的高技术;可能引起科学革命、技术革命、产业革命的技术创新领域或方向;事关整体提升我国经济社会发展水平和创新能力的战略性技术平台与环境等。总归一句话,就是对国家经济有着重大影响的决定我国安全的很关键的技术。

下面举几个例子来说明什么是战略高技术。

我国现在要解决的一个重要问题是获得制信息权,

科学、技术与社会集

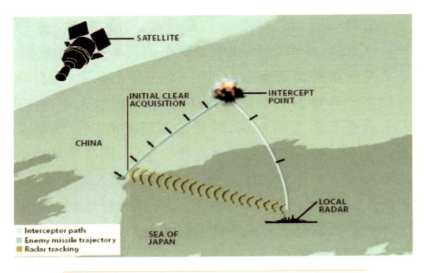

▲ 图2 天地一体化的信息网络——通过卫星把天上、地上、海上的信息设施联通成一个整体

实现新军事变革。台湾局势一度比较紧张,台湾当局闹"公投"搞"台独"。我觉得其中有一个很重要的原因就是我们还没有制信息权。如果我们也像美国对伊拉克一样,对台湾有很强的制空权、制信息权,恐怕台湾那边要老实得多,这是一个杀手锏。我们必须建立一个天地一体化的信息网络,通过卫星把天上、地上、海上的信息设施联通成一个整体。(参见图2)这是我们国家急需要做的事。这显然是一个战略高技术。

再举另一个例子。我们要建立一个资源共享的国家信息化网络基础环境,我们把它叫做"龙网"。它是一个资源共享、惠及大众、安全可信的、而且是平战结合的

高技术与中国

（战争期间能够为国防服务）、体现中国文化特色的、以自主技术为主要支撑的、以提高国民素质和促进国民经济及社会发展为主要应用目标的21世纪国家公共网络基础环境。这里面的每一个定语都是有深刻含义的。比如说"资源共享"，现在我们国家网络建得不少，但形成了很多信息孤岛。有一次我去广东，当地的一个市委书记跟我说，现在搞信息化就好比要求每一家用井水而不用自来水，即要求每一家都挖井，而且要挖很多口井。计划生育委员会发个通知下去，要单独建一个"全国计划生育网"，这网还要保密；财政部又下一个文，说财政部门也要建一个全国网，要求也要保密。建了若干这样的网，就如同挖了很多口井。实际上我们需要的是一个自来水厂供水，像用自来水一样方便就行了，所以我们要以建立一个资源共享的网络为目标。

我们建的网络还必须"体现中国文化特色"。过去的古代文明，像古印度文明、古埃及文明、古巴比伦文明，慢慢就不太闻名了，已经被遗忘或者在国际上的作用越来越小了。现在网上以英文为主，如果中华文明在网上没有自己的地位的话，我们很多年轻人在网上就接触不到中华文明，这是一件很可怕的事情。那我们的后代会怎样呢？如果从我们这一代开始，慢慢地中华文明就会消失，这对后代就太不负责任了。

建立这么一个公共的网络环境能拿来干什么呢？

科学、技术与社会集

今后,电信网、因特网、广播电视网,都要用资源共享和协同工作的网格技术来统筹规划,因地制宜地建立一个为政府、企事业单位和个人共享知识及信息资源的网络环境,来带动信息化。关键是要建立一个公共的事业制度,像供电供水一样的供给网络服务能力。这又是一个很大的战略高技术项目。建立这么一个网是瞄准实现全面小康社会的关键问题,以提高国民素质,特别是以获取与利用知识能力为目标。联合国的调查报告表明:穷国与富国、穷人与富人的差距不仅仅表现为收入的差距,而且表现为获取与利用知识能力的差距。后者的不平等远大于收入的不平等。发展中国家应优先缩小知识差距,以知识促发展。建立这么一个网就是要使知识的获取更容易,要缩小数字鸿沟。

美国《福布斯》杂志科技版于2001年9月发表了一组文章,分析了信息技术40年的发展历史和今后20年的趋势,指出网络将极大地改变人们的工作和生活方式。到2020年,由此产生的全球大网格(Great Global Grid),即用3G代替3W,将使下一代互联网产业年产值增长20倍,从2000年的1万亿美元增长为20万亿美元。这是很大的一个数字,美国的GDP也就10万亿,也就是说,到2020年网络产业的年增加值将相当于现在两个美国的GDP这么多。

另外一个战略高技术大家可能不太熟悉。大家也许知道，研究人类的基因可以研制出很多新药，可以治疗很多遗传结构方面的疾病，带动整个制药业的发展。同时，基因对培育农作物新品种也有很大的好处。基因研究对工业有什么好处？有一门新的技术叫工业生物技术，里面包括工业生物催化剂、系统生物催化（分子机器）的理论与方法、生物催化剂与工业环境的互适应性原理与方法，等等。利用这套技术，预计到2020年，应用生物催化的相关工业部门新增产值可达2.25万亿元；预计通过生物加工新工艺和技术的应用将会节约粮食5 000万吨，节约6.27亿吨煤；仅轻工系统就可减少废水排放20亿吨以上。也就是说，我们整个国家的资源消耗和能源消耗可以降低30%，可以减少污染排放30%。大家不要小看这些事，这是我们现在做的科技规划中最困难的一件事。2003年我国大概有20多个省市缺电，马上就会有更多的地方准备建更多的电站。到2020年，我们希望GDP能够翻两番，即从现在的1万亿美元增加到4万亿美元左右，至少是3.6万亿美元。那么能源应翻几番呢？能源最多只能翻一倍。要做到这一点，搞能源的同志已感到相当困难。昨天环境组的组长还在说按照他们的预计，假使能源翻一番的话，带来的后果就是环境污染还得翻番。就是说，如果我们想使我国的环境不再恶化，能够在2020年保持现在这个状况，不要说青山绿水，即便要求我们的能源到2020年不能增加，就是很

科学、技术与社会集

严重的一个问题。现在大家都在买小轿车,需要的能源越来越多。资源组的同志说,按中国目前这种需求的话,我们需要8个地球!一个地球根本不够我们用!要让能源增长大幅度压缩下来,GDP还得猛地往上涨,这就很难,需要用高科技来解决。传统工业也要朝这方面努力,降低能耗,降低资源消耗。

再一个例子就是新世纪的半导体白光照明,这也是为了降低能耗。现在照明都是用白炽灯和日光灯,将来用氮化镓作材料的新照明灯,它的耗电量要比现在小得多,而且寿命非常长,有10万小时。不光是做家电灯泡,街面上的大显示屏、汽车等,各种各样的用途都可以用。建好了以后,把它用在家电里面,新的半导体白光照明一年节约的能源相当于两个三峡电站的发电量,可以节省1 000多亿度电,这也是一个很大的数字。目前,半导体白光照明还要解决许多技术问题,关键是降低成本。

谈了这么多以后,现在我来总结一下自己对到底什么是高技术的理解。我觉得,高技术应该依赖基础科学研究的重大成果,像量子理论、计算理论、信息论、基因理论、空气动力学等。我们讨论的时候争论得最厉害的问题就是今后用什么来解决中国的能源危机。很多搞核物理的同志都主张用核聚变,那么核聚变大概要到什么时候才能用上呢?原来他们说50年,就是说到2050

年可以用上。后来做了许多调查，很多权威的专家，包括国外专家，都说大概要到2070年才能用上，现在指望不上。我们在2070年以前可能已经有能源危机了，所以我觉得核聚变应当是一个大科学工程，还不是现在可行的高技术。它现在还用不上，还是科学的东西，技术还谈不上，但最终解决能源危机还要靠物理方面的基础研究，没有基础研究，也就不会有高技术。

高技术既不是纯科学，也不同于匠人的手艺。手艺不一定有科学基础，像我们国家有很多木匠、铁匠，他们一代一代地往下传，包括一些秘方，这不是高科技。高技术应当是能够用知识表达出来的。我相信将来肯定有一天，可能20年内会出现一个新产业，就是卖知识，知识本身就是一个商品。

高技术还有一个特点就是它一定可以产生巨大的经济效益和社会效益，它能够变钱。国家大力支持的应该是能够变大钱的高技术。

另外，高技术往往跟高管理联系在一起，这就涉及高技术和标准的关系问题。过去标准和专利本来是一对矛盾，传统的技术标准一般是要无偿地使用一些公共技术，它不喜欢用专利技术，尽量避免用专利技术。但是在高技术产业里头，尤其是在要求互联互通的那些产业里头，技术标准和专利是结合的。这是高技术发展的一个必然趋势，现在的趋势就是技术要专利化，专利要

标准化，标准要全球化，这是高技术一个很重要的特点。科研成果必须有专利才能受到法律的保护。我们不单要重视公共的标准，也要重视利益集团的标准即事实上的标准。

  关于高技术，最后再讲一点我个人的看法，这看法不一定对。一位伟人曾经讲过"高技术要越高越好"。但是这里面有一个问题，就是对高技术的"高"怎么理解？高技术往往需要高的成本。大家知道摩尔定律：每18个月芯片性能要翻一番。大家不知道还有一个摩尔第二定律：集成电路生产线的成本每三四年也要翻一番，就是说越高的技术往往成本越高。像协和飞机是高技术，但是它飞来飞去，最后只得停产。它是超几倍音速的，比波音747技术高得多，应该是越高越好啊。但它不好，赚不了钱，最后就停下来了。当然，现在也有人在做比它更舒适的飞机，可能还会有公司继续研制更高速的飞机。但不管怎么说，这是个教训。社会和经济问题往往是限制条件下的多变量的优化问题，技术只是其中一个变量，把一个变量增大或者优化以后，总体效果不一定变好。另外，我还想提醒一点，高技术的巨大作用本质上来自对客观世界的深入认识。如果你对客观世界没有深入认识，比如说我们到一个单位去，要了解它的管理，编一个程序来管理，做个应用软件，如果你的认识是错误的或者认识不正确，那么用越快的计算机就会越放大你的愚蠢，而不是放大你的聪明。所以就看你怎么理解"越高越好"，本来计算机是"越高越好"，但是如果认识不充分的话，有时候它就不一定能达到好的效果。

二、对信息技术的几点认识

下面我简单地谈一下对信息技术的认识。我们中华民族有很多学问，屈原有一首很有名的诗叫《天问》。我觉得可以把"天问"推广开，提出下面几个问题："物问"、"命问"和"脑问"。"天问"可以推动农业和航海业的发展，"物问"就是问物质结构的本源，问物质是怎么组成的，它能推动能源、材料，包括信息技术的发展，所有这些东西都是从量子力学开始的，都是从物质结构理论中得到的。下一问就是"命问"，问生命从哪里来，生命的构成是什么样的。这个理论能推动基因农业、基因药物的发展，本质上也是从技术科学发展起来的。再往下，我觉得就该问"脑"了。问人怎么会聪明，怎么会有智慧。"脑问"将带动信息科学的发展，将推动下一轮的智慧技术浪潮，这次浪潮可能在几十年后出现，但一定会到来。

康德拉季耶夫有一个经济长波理论，就是每50~60年有一个周期，每一个周期对应某一个大的技术群。就

是说,有一群重大的科学发现,就能推动技术传播和经济大发展。那么我们现在就要问了,信息技术究竟已发展到什么程度?有人说信息技术现在已经非常充分了,发展得差不多了;有人说信息技术才刚刚开始,好多问题还没有解决。这个问题仍然弄不清楚。

信息技术有两个大的推动力:一个是对客观物理世界的模拟,从 Real-Space 到 Cyberspace,从物理世界到虚拟世界;还有一个是对人脑本身的模拟,这是信息科学的一个本质任务。我觉得基于物理学的数字电子技术已相对成熟。而基于脑科学的信息科学还刚刚开始,这是两码事。数字电子和信息科学不完全等价,信息科学还有很多新的东西。图灵奖得主姚期智教授到清华大学讲理论计算机科学课,当时清华大学很多学生觉得计算机很容易学,很多专业的学生都去旁听计算机系的课,但听了他的课以后,很多学生都说,没想到计算机科学这么难。这个例子就是说,计算机没有涉及它的本质时很简单,一旦真正研究它的信息科学本质,就不是那么简单了。以图灵、冯·诺依曼、香农、维纳、歌德尔为代表的划时代的学者创立的数字计算机理论、信息论、控制论,带动了世界经济一个 50~60 年的长波。那么现在到什么时候了呢?从信息技术方面来讲,它开始的时候,只有大型计算机,是专家使用阶段,再经历一个早期流行的客户机—服务器、微机—局域网阶段后,然后再到公众认识阶段,最近几年就处于公众认识阶段,以 Internet 的普及为标志。下一个则是广泛普及阶段,我们把它叫网格计算,就是按需服务。

我最近到日本开了一个会,叫 Ubiquitous Computing 会。会议主持人坂村键教授做报告的时候,带了很多瓶瓶罐罐上台。他拿起一个萝卜,萝卜上面贴了一个标签,标签里面就有一个很小很小的芯片。他拿一个读写器,往萝卜上一放,那读写器上就出现一个小人像,那人像就是种萝卜的农民。那农民就出来讲话:"我的萝卜是没有污染的啊,我的萝卜是怎么甜啊,怎么好啊。"这个小芯片实际上只有芝麻大一点点儿,日本人说这样的东西就叫计算机无处不在(ubiquitous),就是你周围的东西中,都藏有这种芯片,你拿一个读写器,到哪儿都能读信息出来。无处不在的计算有什么应用呢?举一个例子,比如一个小孩拿一个像小名片一样的东西参观博物馆,走到博物馆以后,看见一条鱼,这条鱼是一条死鱼,是一个化石,只要碰一下,那鱼上的号码就到你的"小名片"上了。感兴趣的小孩回家往计算机里面一放,就能从远处的服务器中调出有关信息,那个鱼就变成"活鱼"了,屏幕上那条鱼就能在水里游,这就是所谓的 Ubiquitous Computing。过去用计算机是很多人用一台计算机;到了 PC 机的时候,就是一个人用一台机器;到了 Ubiquitous Computing 的时候,一个人有很多很多台计

算机，搞不清楚多少台计算机在你身边，你碰到的这个花也是，碰到的那棵草也是，到处都是计算机，就是很小的芝麻大的一个小芯片。

至于在20年内关于信息技术的创新与应用，我认为信息技术将仍然十分活跃，不断地有原理性的概念创新。我觉得今后信息技术的发展主要是"应用"，不要指望计算机老去变。IBM公司前总裁Gestetner有一本很有名的书叫《谁说大象不能跳舞》，书里面有一句话我印象非常深，这句话是"信息领域受技术控制已达到了疯狂的地步"。这是什么意思呢？就是我们搞信息技术的人，不断地想做技术升级，他认为已经疯狂了。他说，我们应根据需求来发展技术。现在很荒唐，不管你要不要，我给你做出来，做出来就让你升级。你刚刚才用了一年，还没怎么用习惯，又升级了，你又得买新的，其实这样做是不正常的。我觉得在中国发展计算机技术，发展信息技术，就应当特别强调"应用"，不要强调"不断地升级"。

做战略规划时有人跟我说："你是搞计算机规划的，你不要谈应用，不要谈计算机跟生物有什么关系，你就单独地谈你的信息技术，剥离这些应用看怎么发展，看它有什么技术发展趋势。"我想了半天以后，告诉他："现在我们已经不能够剥离应用来谈计算机的发展趋势，你剥离以后就不剩下什么东西了。"所以，现在出现很多叫做digital什么的东西或计算什么的东西,像计算化学、计算物理、计算生物等等,这说明计算机已深入到各个学科里面,与它们交杂在一起了。在大学教育中,我觉得计算机已经慢慢变得跟数学、外语差不多了。

在2020年前,可能成为主流的信息技术有以下这些,我就不一一详细介绍了。

- 智能人机接口
- 知识处理、语义网格
- 信息服务网格、传感器网格
- 生物信息学(蛋白质组学与系统生物学)
- 高可信软件与编程自动化、简易化
- 可重构芯片
- 全光网络与光互连计算机
- 智能计算人(包括软件机器人)
- Compu-X 和 X-info(计算机与其他学科交叉)
- 量子通信与量子密码

信息技术中有一些基本矛盾,处理好这些矛盾是信息科学的基本内容。比如说,我们讲高性能,一定要想到它的对立面,它的对立面就是低成本、低功耗。对计算机技术而言,如果你要提高它的复杂性,芯片越做越大,可以上亿甚至是10亿晶体管,那么就有一个可靠性问题和一个可用性问题。另外,我们希望提高它的通用性,想使它功能性全一点,就还有一个智能化的要求。

科学、技术与社会集

一般比较专用的容易做智能化,而通用的就比较难一些。还有,我们希望它开放,一开放就有一个安全的问题。这些都是相反相成的,而不是单一的要求。在发展信息技术时就是要考虑正确的定位,不能一味地追求高性能。如果一味地追求高性能、高质量、高安全性,必然会导致信息化成本高得令人不可接受。我国信息化专家咨询委员会常务副主任周宏仁博士预测,如果我国2020年信息化达到美国2002年的水平,大概需要117万亿人民币。谁也不会投入那么多钱去搞信息化,我想这是一个不可实现的计划。在中国,在可以接受的性能、可靠性和安全性的条件下,要尽可能地降低信息化成本。所以中国的高技术如果不走低成本之路,那大概不是我们的特点。降低成本同样需要高技术,降低成本实际上是要下很大工夫的。联通的电话费比中国电信便宜,就是因为它的平台是统一的,采用了高技术,所以才能把一分钟通话费从八九角钱降到两三角钱。

图3没人这么画过,这是我在准备这个报告的时候自己画的。我一直在想,摩尔定律到底告诉我们什么。我觉得摩尔定律告诉我们的是,我们不能做到什么,而不是我们能做到什么。我们通常讲摩尔定律是指芯片的性能5年可以提高10倍,10年提高100倍,15年提高1 000倍。我们刚好是在做未来15年即到2020年的技术规划,到2020年,性能提高1 000倍就是到图上的A

高技术与中国

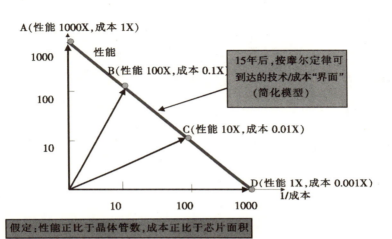

▲ 图3　摩尔定律与我们的努力目标

点。但这不是摩尔定律的全部含义。摩尔定律告诉我们的是一条边界。就是说,你也可以有另外一种做法:就是从今天开始,性能不再提高了,15年以后成本降低1 000倍,就是到图上的D点,那也是摩尔定律。普遍而言,我们可以有很多选择,这条红线以外的你就达不到。这个区域里面的任何一点你都可以达到。比如说,我可以选择性能提高100倍,成本降低10倍;我也可以选择性能提高10倍,成本降低100倍。所以,实际上当我们在决定我们目标的时候,可以根据国情做出正确的决策。这就叫"战略",就叫"决策"。

下面讲一讲信息技术的几个特点。第一个特点是在信息领域里,新市场永远大于旧市场。计算机公司明年的销售额里面可能会有50%来自今年的新产品,其他

科学、技术与社会集

的领域没有这么厉害。微软的Office在2004年大概是90亿美元的样子,据他们自己分析,到2010年的时候,Office大概有500亿美元的市场。如果只关注抢微软现在的市场,你费了半天劲,从这90亿美元里面挣了10亿美元回来,可能在未来500亿美元里面你只挣了100万美元,损失更大。所以我个人的看法是,我们要努力收复失地,但更多的是要考虑开拓新的疆域。尤其是对于科研单位来讲,更多地要考虑开创新天地,但企业应该两个方面都做。

高技术竞争也不同于奥林匹克比赛,奥林匹克比赛每年比的项目差不多,100米短跑总是有的,马拉松长跑也总是有的。但高技术就不是这样,它去年比赛100米短跑,今年可能变成比赛150米短跑了,也可能是120米、130米短跑,它变样了。所以去年的冠军,今年说不定就game over了。过去的已经过去了,去年最后面那个人可能是新的冠军了。不能老盯着旧的,其实那旧的市场比新的市场要小得多。

信息技术的第二个特点是,它以"否定之否定"的方式进行周期性变化。我们经常讨论做通用好还是做专用好,做分布式计算机好还是做集中式计算机好。其实它是分久必合、合久必分的,通用、专用也是经常在变的,大概六七年一个周期。我们不能按一个时期的主流方向来断言信息技术就这么发展下去了,可能到第二年它又变了，所以也不能制定一些片面的政策，比如说嵌入式芯片或通用芯片，它们是经常变的，过几年它们又换了，通用芯片领先几年，之后嵌入式芯片又领先几年。所以要注意它的周期性。

信息技术的第三个特点是"克服复杂性"。集成电路与大型软件可能是现在最复杂的人工产品，研究复杂性也是信息科学最基本的内容。降低设计和制造的复杂性，需要另辟蹊径。学过计算机的人都知道，有一个NP问题（指数复杂性问题）。很多人老问，说在座这么多人，我一眼就看清你，知道你是谁，哪怕你穿的衣服、戴的眼镜可能都变了，我也能一眼就认出来。而计算机从这么多人里面认出某一个人来极难，它要把人分成一个个小片，这种计算就会遇到所谓的指数爆炸。所以就有人老问这个问题："人怎么那么聪明，能对付指数爆炸呢？计算机怎么绕不过去？"这个问题可能是问颠倒了。其实，人们识别人脸本来就没有所谓的指数爆炸，是用计算机的人自己造成的。你自己把它搞成一小块一小块的，表述出来以后就造成指数爆炸。人们辨认人的时候，究竟如何表述，我们并不知道。但计算机表述这个问题和人表述这个问题是不一样的，因此不是同一个问题，我们要另辟蹊径，要找到新的方式来表述。

信息技术的第四个特点是追求简单化。在计算机技术领域里面，像Ada语言、数据流计算机、ATM等等，

都非常精彩。你不能说它技术不高明，但它就是不能成为主流，因为太复杂了。而简单的东西，像Internet，它的TCP/IP协议并不复杂，它反而成功了。我相信人们在选择技术的时候，选择够用就行了。历史已经证明，简单适用的技术生命力最强，平民就需要简单适用的技术，不要老想着我们就是为了那种高精尖技术而工作的，不要只想着为高消费人群服务。

信息技术还有最后一个特点就是以人为本。信息技术发展有着所谓从技术至上到平民化的一个过程。20世纪70年代，个人计算机的兴起是一场观念上的革命。技术应用是为人们服务的，而不是为了控制人的。信息网络发展一定要让人们更自由、更平等、更放心地获取各种信息，而不是倒过来要用技术控制人。重要的是，要以人为本，以用户为中心。

三、关于发展高技术的战略导向的思考

下面我们讨论一下与发展高技术的战略导向有关的问题。我这里有两张表，第一张表是《部分国家高技术产业增加值比率比较》，见表1。

表1　部分国家高技术产业增加值比率比较

信息产业增加值率低于发达国家					
	中国 2001	美国 1999	日本 1997	英国 1998	法国 1998
全部制造业	26.4	36.5	36.6	37.7	32.3
高技术产业	25.2	43.0	36.1	36.4	30.1
航空航天制造业	26.4	37.1	39.8	33.4	22.1
计算机及办公设备制造业	19.6	56.1	49.0	42.0	33.8
电子及通信设备制造业	23.5	32.8	24.5	26.0	29.9
医疗设备及仪器仪表制造业	35.4	49.5	36.6	37.6	28.5

我国制造业的增值率是26%，我国的高技术产业，很遗憾，比制造业增值还低，只有25%，而美国、日本是43%。我们的计算机产业只有19.6%，低于整个高技术产业，也低于制造业，而美国是56%。我们高技术产业增值率差不多只有美、日等国的一半，这是我们要解决的问题，即怎么提高增值的问题。

表2　部分国家信息产业R&D投入比例比较

信息产业R&D经费投入比例低					
	中国 2001	美国 1999	日本 1997	法国 1999	韩国 1999
全部制造业	2.6	8.2	7.9	7.1	4.5
高技术产业	5.1	22.4	20.3	27.1	13.0

续表

航空航天制造业	13.3	28.5	29.7	38.7	-
医药制造业	2.7	20.7	19.0	28.3	3.9
计算机及办公设备制造业	2.5	25.5	34.3	14.6	7.0
电子及通信设备制造业	6.5	14.5	16.2	31.7	17.9
医疗设备及仪器仪表制造业	2.7	33.3	21.9	16.6	4.1

  第二个表是讲R&D的,刚才讲了我们的高技术产业增加值比别人低一半,现在来看R&D投入情况(见表2)。我国的制造业R&D投入是2.6%,高技术产业是按5.2%来定义的,实际统计下来是5.1%。那么我们计算机产业是多少呢?仅为2.5%!按照这个定义,我国计算机产业就不是高技术产业。我一开始报告就讲不要从定义出发。在美国,他们的计算机产业比例为25.5%,我们为2.5%;他们的高技术产业为27%,我们为5.1%。这中间的差距就大了,他们的R&D投入特别高。

  那么这就带来一个问题,究竟中国要不要重点发展加工组装业?对于这个问题,我觉得经济发展的客观规律是不以人的意志为转移的,存在的现实有一定的合理性。记得有一年我在人大开会的时候,朱镕基总理到我们团,就把东莞市的书记批评了一顿。他汇报说他们东莞养活多少打工妹,赚多少外汇以后,朱镕基总理说:"我就要访问美国,最近我一直在想中国为什么有600亿美元的贸易顺差呢?我一查,查出来问题就在你们广东！我国台湾及日本的零部件都卖到东莞来，东莞把它组装起来。你赚不到几个钱，也就是百分之几的增值，组装完了以后打上'Made In China'，运到美国去一卖，全成了中国出口。你们给我添了那么大的包袱。"当然，全盘否定加工业是不对的，加工业本身也是有进步的，但是不能满足现状。纯粹靠人力的加工业，我估计它肯定会转移的。我前几年去苏州的时候，他们告诉我："你们来吧，这个地方地价便宜，一栋房子2 000块钱一平方米卖给你们，比北京便宜多了。"过两年以后，房价一下子涨到5 000块钱一平方米了，那就说明它的成本也在提高。为了持续健康地发展，必须用高技术来改造、提升加工业，这是我们的一个重要任务。

下面这个问题就很有争议了。我们做战略规划的时候，一开始就引起一场关于技术来源的争论。第一场报告会请了几个经济学家讲中国到2020年到底靠什么技术来源。多数经济学家认为，即使到2020年，中国的技术来源也只能是以引进为主，难以做到以中国本土的技术来满足企业的技术需求。而我们这些搞技术的人呢，几乎都认为：不要说到2020年，就是现在，中国的经济发展也要以自己的技术为主。两派意见明显对立，争论的核心是，到底本国的科研能不能满足经济发展的技术需求。另外一个问题是对过去我国科研成效的看法。经济学家们认为，过去国家投那么多钱搞科研，效

科学、技术与社会集

果不明显,对经济没起多大作用。而现在由于经济全球化以后,国外的技术跟资金一样,可以源源不断地流到中国来。现在中国不是第一大外资投资国了吗?技术也是一样的,它会源源不断地引进来的。还有一个观点就是说,在中国做R&D比外国贵,不合算,干吗在中国做啊,人家做完你用多好!

图4中,中、美两国一比较就可以看出差距了。比如说2002年,那时美国在A点,我们在B点,在同一时间(即一条垂直线上)有明显的差距,缩小当前市场产品与发达国家的差距,我们要引进消化,要靠集成创新来解决。另一种差距是对某一技术水平,我们与国外在时间上的差距(同一水平方向),比如说中国和美国信息化相差10年或者15年,你想缩短这个距离,那只有靠我们另

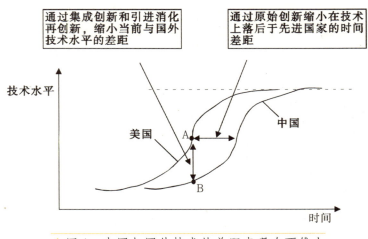

▲图4 中国与国外技术的差距表现在两维上

辟蹊径。你要是依靠平移,只能永远保持这种差距。就好像我们现在做芯片,2003年做"龙芯一号"的时候,我们跟国外相差六七年,2004年再跟在他们后面做,那就会永远相差六七年,这显然是不行的。2004年做"龙芯二号"的时候,我们要靠自己的原始创新,申请了很多新的专利、新的做法,那我们现在做的比"奔腾二"强一点儿,比"奔腾三"还弱一点儿,2004年年终做完了以后就会比"奔腾三"还强一点儿,2005年年底可能就达到"奔腾四"水平了,比做"龙芯一号"时的差距又缩短两三年。这个差距的缩短靠跟踪是做不到的。

大家都知道,中国多数人吃的粮食中有袁隆平发明的杂交水稻,南方更多一些。包括那些批评科学家的经济学家们,他们也吃过袁隆平发明出来的杂交水稻。由此可见,"谁来养活中国人"的难题,是中国人自己解决的。还有一个例子就是石油开采。大家知道,外国专家认为中国是贫油的国家,那么大庆油田是谁发现的呢?有一位老先生,叫黄汲清,他是一位搞地质的老先生。他最早发现了大庆油田,并因此得到了首届何梁何利成就奖,即100万元大奖,他的贡献很大。从发现油田到采油,一般的油田都是20年左右就采完了,但大庆油田采了50年,年年达5 000万吨,真不容易啊!开始是压出油的,后来不行就灌水,再后来灌水也不行了,那就搞了一种新的技术,叫"聚合物驱油"。这是一种新的采油办

科学、技术与社会集

法,用微生物来驱油,这样石油就能够喷出来。再一个例子就是电话通信。同志们,现在你们的电话费那么便宜,那你们得感谢04机,04机做出来后犹如一股清风,带动华为、中兴公司一起做,做交换机。整个设备降价以后,才能够有今天这么便宜的电话费,包括现在美国都在用中国的交换机了。以上这些例子都说明中国科技人员对经济发展做出过实实在在的贡献。世界上没有免费的午餐,如果说中国的R&D成本不低的话,干吗IBM、Microsoft这些大公司都到中国来建R&D中心呢?这是很明显的一个道理。我们在过去一段时间,重物不重人,对人的投资比较少,其实投资于人的回报率比投厂房还要多得多。

　　"神舟"五号上天以后,有些人这样评论:为什么"神舟"五号能上天?因为美国人不卖给我们"神舟"五号技术,如果美国人真要卖给中国航天技术,中国航天就搞不上去了。说得振振有词,很多人都觉得有道理,认为只要别人卖给我们技术,我们就搞不上去。真要是这样,那还搞什么计划,做什么高技术?我觉得你现在就得有这个本事,应该在开放的环境下做出高技术,跟别人竞争。如果我们再封闭起来做,做完以后到底是不是先进技术,这话就很难说了,你没有跟别人比试过啊。真要比,应该是在市场上比。我觉得,中国人还是有这个能力在开放的环境中做出成果来的。我们以后评价一项成果,也应该是拿到国际上评比,如果一项成果在国内领先,在国际上却是很差的,排在几十名以后,你说这个成果有什么用?所以在这一点上,我是赞成开放创新的,封闭起来的创新,虽然自己很得意,但是实际上不解决问题。

还有,我觉得中国还有很多体制性障碍。20世纪80年代下海的时候,有很多分流人员作出了历史贡献,但是也造成一些"错位"和"越位"。就好像一场足球,大家都跑到前场去了,后场没人了。为什么呢?大家都去搞经济效益,都去成立公司赚钱了,后面搞这些技术型研究、关键性研究的人越来越少,我觉得这是个错位。而且长时间不重视共性研究,使得我国技术供给严重不足。同时,我国现在真正投入的R&D也不够,中介机构也比较少,这些体制性问题都是需要通过规划来重点解决的。在发达国家,都是大学在后头,科研机构做技术研究、突破性创新研究,企业是做前面工作的,而我国科研机构这一块几乎是空白,几乎没人做了。最近,有人主张大学多办科技园什么的,要求名牌大学都要办。我不反对办,但一定要定位好,千万不要一窝蜂地大家都下海,都去办小企业,这个路子是有问题的。我觉得怎么做、怎么转化要有一个定位,就是要有一个正确的分工,科研人员到科技园以后,最好多做一些共性技术,让企业去办企业。在社会上,真正会办企业的人比在学校

和科研单位的人多得多。我就公开地说,我当企业总裁不太称职。有很多人不相信,说:"我科研都搞得出来,我成果都做得出来,产品还卖不出去?"那你不要太自信。我觉得10个科研人员里面有一个能够做点生意就不容易了,估计是凤毛麟角,不要觉得科研人员什么都能干。我是觉得大学办科技园,定位要定好,千万不要想着从大学科研人员里面产生出一大堆企业家,那是极难的。

以前大家喜欢做小循环,比如说搞技术研究,不管是在大学还是在研究所做,做出成果以后就想在下面办个企业,自己赚点钱,然后再回来接着做。这样的例子很多,每个学校、每个研究所都办企业,办了很多。中国科学院办了400多家企业,在这400多家企业中仅联想一家就占了整个企业产值的75%,另外400多家企业加起来只顶联想的1/3,这样做有多大意思呢?最近,我们院长就说要卖掉这些企业,谁要就卖给谁。我觉得应当走大循环,在国家公共财政支持下要加强"基础前瞻性研究"。国家要出钱让科技人员做共性技术研究,有些研究成果可以免费给企业,也可以把技术转让给企业,企业给国家多缴税,国家就可以多给科研人员钱,这就形成了良性循环。你自己赚了点小钱,管什么用呢?大循环、小循环的事情,观念好像始终转不过来,好像有了自己的技术,自己什么都可以变出来,交给别人就不行。中国科学院有些单位，企业给他3 000万现金买他的技术，拿钱来买的时候，他又想："3 000万！我自己办企业也许会赚更多钱，不卖了！"过了两年，他自己手上的企业也没有办好，而原先的企业找到别的技术办起来了，都已经上市了。现在人家不要了，300万都不要了。做科研与办企业，各有各的本事，要把大循环和小循环的关系搞明白。

下面讲一下关于统筹的问题。我觉得十六届三中全会提出"统筹"的概念是认识上的一次大飞跃，不是个小飞跃。高技术也涉及一个统筹问题。我们这次开会讨论中长期规划的时候，常常有争吵，但我觉得不要轻易用"路线斗争"的概念，不要动不动就是东风压倒西风，西风压倒东风，这种话是不能乱用的。好像现在经济学家说要以引进技术为主，科学家就非要以自主技术为主。好像要么就是科学家全对了，要么就是经济学家全对了。事实上根本就不是那么简单的，经济学家讲的也有正确的成分，我们要正确理解，不能把经济学家讲得一无是处。我觉得重点在于把握"度"，这就属于统筹的范畴。在很多情况下，高技术发展是个多变量函数，你光靠解决一个主要矛盾是解决不了问题的。高技术不是抓一样就能解决得了的，不完全是缺钱，也不完全是缺技术，问题很复杂。它是一个统筹的问题，所以我觉得这个"统筹"的概念提得非常好。

科学、技术与社会集

　　发展高技术一定要惠及大众,这是一个战略导向问题。完全由企业自己来定位,它的产品很可能是面向高消费人群。比如,电视机越做越大,越来越贵,企业愿意这么做,这样做他赚钱。但是从发展整个高技术的角度来讲,应当体现"三个代表"重要思想,要为大多数人谋福利,提高人民的生活水平。我们最近有人到西部调查,发现有相当多的地方能装上电话,却出不起打电话的钱,甚至有的地方把电灯装上以后,却出不起点灯的钱。所以在这种情况下,我们搞高技术的人要注意降低成本,让产品实用,使得更多的人受益,使得高技术惠及广大民众,而不仅仅是高消费人群,这才是我们需要注意的。

　　另外就是高技术的应用问题,中国和国外还是不太一样的。国外现在可能是民技军用,我们现在一直在谈军民怎么兼容,怎样寓军于民。但是现在看来,只能军民结合,协调发展,完全靠民用技术为军用服务也做不到。另外,现在我们可能是制造业多一点,慢慢扩大应用。这要考虑中国的特点,所以我报告的题目就是"高技术与中国"。高技术是一支箭,中国是一个"的",你应该拿箭来射这个"的",中国这个"的"跟国外的"的"是不一样的。我们很多人在谈高技术时,虽然没有明说,但潜台词就是"美国的今天就是中国的明天"。你拿这种观点来做高技术战略计划就不对了,中国人的走法可能不是像美国那样走的,我们走的道路应该与西方发达国家不一样。

四、从事高技术研究与高技术产业化的体会

我再讲一讲自己做高技术产业化的一些体会。我觉得第一点就是,做高技术产业化和做高技术研究的人,首先要有自信心,一定要瞧得起自己。我从网上看到很多评论对我们国家的技术成果持否定态度。看不起中国人的,多是一些年轻人,年轻人反而没有像我们这些年纪大的人自信,这很奇怪。按道理说,年轻人应该比我们更有自信。我们做"曙光1号"的时候是1992年,我们派了一批人到美国去做。当时开会的时候,我记得是3月11日,我叫人在黑板上写了几个字"人生能有几回搏"。我知道这批人以前没做过计算机,我当时其实还有点担心把他们派出去以后,这件事不一定做得成。但在会上,我跟他们讲:"你们大胆去,我相信你们一定做得出来!"讲得他们眼睛闪泪花。散了会以后,我的学生们就说:"李老师,我要是不把'曙光1号'做出来,我就没脸回来见你,我就没脸见江东父老。"他就是抱着这么一个信念去的,所以他们到美国以后,每天工作十几个小时。我到他们租的房子里去看,他们把客厅当成工作室,累了就睡一会儿,爬起来再做,一年不到就做出

科学、技术与社会集

来了。原因是他们有一股信心和干劲。可见,首先自己要有自信才行。我们做"龙芯1号"的时候也是这样的。开始我没找胡伟武,而是找了一个年纪大的研究员带队。后来胡伟武打电话来说:"我要是做不出'龙芯1号',我提头来见!"年轻人把生命都押进去了(当初这一句话可能是带点玩笑的),说明他有信心来做好这件事情。我认为,任何一个做高技术的人首先要有自信心。你别以为自己比别人矮一截,你首先要站起来,跪着搞研究是搞不出来的。我有次到上海去参观一个飞机制造研究所的展览厅,进门的时候就看见宋健有一个题词,一般的题词都讲好话,比如"祝你成功"、"祝你发展"什么的,但那个题词很奇怪,就四个字——"站起来吧"。我当时觉得宋健主任怎么回事啊,怎么就题写"站起来吧"四个字?原来,他认为我们的航空工业这么久搞不上去,没有别的原因,就是因为没有信心站起来。这给我很深刻的启发,没有自信心的人很难有大的创新。但这个自信不是浮躁,它是基于有自知之明的自信。

　　第二就是要有拼搏精神,科学在拼搏之中前进,这个道理我也不展开讲了。我们做"龙芯"的那些同志,他们自己写了很多文章。胡伟武是每做完一个芯片写一篇,开始时写《我们的CPU》,后来写《我们的"龙芯"一号》,最近又写了一篇《我们的"龙芯"二号》,这些文章在网上可以查到。这些文章讲得很真实,没有任何的吹嘘，就讲他们自己是怎么做的。比如，他们晚上加班，到早上八点上班推开门看到这样一幅情景：很多人手里拿着鼠标，屏幕还开着，他们已经睡着了，这样的场景是催人泪下的。所以没有一种拼搏的精神，"龙芯"CPU是搞不出来的。

在座的有很多研究生，也许有些研究生认为，出了国就轻松了。可我要告诉大家，中国的研究生比美国的研究生轻松多了。我有一个学生在MIT读博士，MIT搞计算机的研究生几乎全部都患有手指关节炎，就是手腕和手指痛，因为他们上机敲键盘的时间实在是太长了。后来为了解决这个问题，MIT为学生特制的键盘不是平的，而是碗状的，手是垂下来打的，不用抬起来。仅从这件事情中就能够看出他们比中国的绝大多数研究生辛苦。这个例子也从一个侧面反映出，不论在中国还是在外国，没有拼搏精神就不可能有高水平的成果。

第三就是必须有一支敢啃硬骨头的团队。一般而言，高技术研究要靠集体努力，要靠大协作，单枪匹马的个人奋斗难以成功。"龙芯"的成功是由于有一支敢打硬仗并且善于打硬仗的团队。我们计算所请了国际上知名的评估学者对"龙芯"团队评估了半个多月，下了个结论是"World-class"。这不是由国内几个专家写一个"国内领先"或"国际领先"的评价，而是真正让世界上的评估专家来评的，评出来的结果认为"龙芯"设计有Excellent quality，是一个"the most radical implementation"。

科学、技术与社会集

最后,我讲一个可能有争议的观点。根据我自己的体会,不管是做"曙光"也好,还是做"龙芯"也好,都有一个情结问题,就是我们要有民族自信心,要有民族自尊心,但是不要有太过分的"完全自主"的情结。我觉得绝大多数的民用高技术,在开放的环境下,拥有完全自主知识产权,既没有必要,也没有可能。我讲这个话,很多人觉得不对,但我认为一切都从头做起是做不到的。我绝对不是说,我们不要做芯片,不要做操作系统,而是说我们得看情况,不要把很多问题都泛政治化。有些问题就是技术问题,不要动不动就讲人家"不爱国"。在漫长的产业链上,我们只要有控制力就行。比如,日本有一个企业,控制着世界上芯片的填料,它那个很小的厂一停工,全世界的芯片填料价格就要涨三倍,我们为什么不能做这样的事情呢?我们只要控制这个产业的某一个环节,这个环节在我们手里,我们就可以用珍珠换玛瑙,我觉得这是一个比较正确的战略,整个一条产业链全由自己控制,这样很难做到,国外也做不到。

最后还有一点就是,很多人说:"国外的专利太多,我们绕不过去。"专利需要特别重视,我们的专利比国外少很多,但情况也在开始变化,现在国内企业的专利也越来越多。我们也不要谈专利色变,作茧自缚。很多专利本来通过分析是可以绕过去的。在这一点上,我觉得也要树立起自信心去做,并非所有的专利都是别人霸道,都是我们绕不过去的。

全球化影响下的中国建筑

郑时龄

一、建筑的实验性与先锋性
二、建筑文化和建筑师的边缘化
三、发展中国家的全球化问题

【作者简介】郑时龄，建筑学专家。1941年11月12日生于四川成都，原籍广东惠阳。同济大学建筑与城市空间研究所教授。1965年毕业于同济大学建筑系建筑学专业（六年制本科），1981年同济大学建筑系建筑设计及其理论专业研究生毕业，获工学硕士学位，1993年同济大学建筑系建筑历史与理论研究生毕业，获工学博士学位。2001年当选为中国科学院院士，1998年被选为法国建筑科学院院士，2002年被选为美国建筑师学会名誉资深会员，2007年被意大利罗马大学授予名誉博士学位。现任国务院学位委员会委员，上海市规划委员会城市发展战略委员会主任委员，上海市历史文化风貌区和优秀历史建筑保护专家委员会主任。

　　长期从事建筑设计理论研究工作，出版了著作《建筑理性论——建筑的价值体系和符号体系》，建构了"建筑评论"体系；出版了专著《建筑批评学》，提出一整套建筑评论的具体方法；对上海近代建筑作过深入细致的研究，出版专著《上海近代建筑风格》。积极参与建筑创作实践活动，支持设计了上海南京路步行街城市设计、上海复兴高级中学、上海朱屺瞻艺术馆、上海格致中学教学楼、中国财税博物馆、上海外滩公共服务中心等。

▲上海世博会中国馆

全球化影响下的中国建筑

一、建筑的实验性与先锋性

中国的城市正处于多、快、好、省的"大跃进"建设中，多而快，但是有些时候不见得好而且也不见得省。有些时候往往只注重速度和求新求变，缺乏理想的城市目标，忽视终极目标的实现。中国的城市化速度几乎是令人难以想象的，据美国《时代周刊》统计，1999年至2002年间，中国兴建了将近61亿平方米的新建筑，与以往相比几乎翻了一番。自1949年以来，据不完全统计，上海建造了大约4.7亿平方米的住宅，另外还建造了大约2亿平方米的其他各类建筑。从统计数字上看，总的建设量相当于10或15个新中国成立前的上海。尤其是从1985年至2001年期间，上海一共建造了4.68亿平方米的各类建筑，其中大约59.8%是住宅。然而，为什么如此大量的建筑中理应出现的优秀建筑却相对较少，中国建筑师在当代世界建筑史上依然处于边缘状态，而与中国相比，建造量几乎可以忽略不计的荷兰、西班牙等国的建筑师却令世人刮目相看呢？问题的关键在于文化，而不是"创新"问题。

一位在上海仅仅住了两年的年轻美国建筑师惊叹中国的建设"犹如野草萌发。我来这里的短短期间之内，就已经盖了四栋摩天大楼，设计了数百万平方英尺的都市景观。在纽约，我整个职业生涯能做到这么多就

科学、技术与社会集

心满意足了"。尽管这位建筑师以张扬和夸张著称,他花在公关方面的时间可能与趴在绘图桌旁的时间差不多,然而即便撇除水分后,这个数字也是惊人的。

2004年5月,由保罗·安德鲁设计的巴黎机场候机楼(2E)的坍塌立即引起了我们的关注,除了关心他在中国的作品之外,甚至引申到中国是否应当成为国际建筑师的试验场这样一些深层次的问题。如果这件事发生在10年前,相信绝不会在如此广泛而又深入的程度上牵动我们。为什么呢?就是因为我们的建筑和我们的城市已经深深卷入到全球化的浪潮之中,一座1万多公里以外建筑的倒塌事故便会引起我们极大的关注。今天,被人们认为是创新的许多建筑追求新颖,追求超乎现实的"完美",有着激动人心的奇特,注重纪念性和标志性,崇扬宏大、愉悦,等等。这股思潮已经由境外建筑师投一些人之所好而引入中国,中国已经成为他们设计思想的试验场,甚至成为他们奇特思想的试验场。

试验场往往与创新联系在一起,"创新"的口号几乎已经成为全国各行各业的一面旗帜,其实,科学与技术本身就是不断地创新,而且理性的建筑从来就应当是一种创新,只不过在变为口号以后,反而会很容易追求标新立异,将"新"作为目标。在这种思想指导下,参与建设的外国建筑师认为他们本土很可能无法兴建的东西,在中国似乎都能实现。2003年,在介绍临港新城规划的

全球化影响下的中国建筑

标志塔时,有人问德国建筑师冯·格尔康这种设想有没有在德国实现。事实上,德国只在汉诺威2000年世博会建了一个小型的塔作为试验。当更进一步问起为什么在德国没有建造时,回答是没有钱……言下之意,这里会有人买单。正如2004年普里兹克建筑奖获得者——伊拉克裔英国建筑师查哈·哈迪德所评价的那样,中国是"一张可供创新的神奇的空白画布"。美国SOM建筑设计事务所香港办事处的建筑师安东尼·费尔德曼认为,在中国"你可以看到别的国家脑筋清楚的人不可能会盖的东西"。

库尔哈斯承诺他所设计的耗资巨大的中央电视台新楼正是中国人所追求、所需要的建筑。我们真需要这样的违背建筑的基本原理、挑战重力、挑战地震力的建筑吗?我们需要的是适宜于我们这个仍然属于发展中国家的城市和建筑。荷兰德尔夫特理工大学教授亚历山大·楚尼斯指出:"近年来在国际设计领域广为流传的两种倾向,即崇尚杂乱无章的非形式主义和推崇权力至上的形式主义。"所有这些倾向都可以在今天的中国找到市场,中国已经成为世界建筑师的试验场。就一般而言,试验场并非坏事,可以说建筑史上的每一次创造都是做前人没有做过的事,都是一种试验。但是这些都是理性的实验,不是幻想,更不是空中楼阁。而且永远都有一个技术经济方面的问题,不仅仅是技术或艺术问

科学、技术与社会集

题。近来展开的关于北京奥运会工程的讨论,涉及的内容也主要是技术经济问题。巴黎蓬皮杜中心建筑是20世纪70年代的优秀作品,开创了高技术建筑的先河。这座建筑曾经试图使外墙能够随意向外延伸或向内收缩,但最后因为技术经济不合理而作罢。

　　我们应当促进思想上的实验,提倡实验性建筑的先锋性,努力创造具有世界性批判意义的优秀建筑。问题是建筑不像物理或化学实验室,可以为一个结果做无数次的试错性实验。建筑的实验包括理论的探讨和方案的探讨,应当先想明白了再做,意在笔先,进行的是理性的实验,是有目标的试验,是理论指导下的试验。在方案阶段反复探讨不同条件下的各种可能性,试验场也不只是为了生产今后拿到国际建筑展览会上去陈列的东西,不是一比一的儿童积木。大学建筑系和学术机构首先应当起到建筑实验室的作用,保持其先锋性。英国建筑师大卫·奇珀菲尔德认为:"一名具有创造性的建筑师就是能够通过建成的作品建议、促进并激励更好的世界观。"查哈·哈迪德认为:"创新意味着质疑已有的方法,创新需要提升建筑通常关注的事物和现状。创新需要理论,最终要求关注良好的生活和良好的社会。伟大的建筑和宏观的建筑理论依存于与社会进步有关的建筑进步。"

　　此外,建筑的涉及面十分广泛,不仅是建筑师,业

全球化影响下的中国建筑

主、管理部门、管理体制以及整个社会都在参与这种实验。从选择基地、选择项目、拟定任务书、选择建筑师、选择评委到调整方案、进行实施等,都是建筑实验过程的组成部分。如果要创新,需要各方面的共同努力。

美国建筑师弗兰克·盖瑞在设计出蜚声海外的西班牙毕尔巴鄂古根海姆博物馆之前,有过无数次的模型实验。奇珀菲尔德认为:"思想在任何实验室都应占主导地位,同时也应联系现实。思想和现实之间的关系愈益具有试验性,一方面可以诞生奇妙的思考,偶尔,这种思想也会体现在建筑作品上,然而,我们不应忘记什么是正常的状态。"

我们还应当质疑当前建筑设计的决策管理机制。几乎所有重要的项目都要举办设计竞赛或方案征集,都有若干方案供选择。这看来似乎很合理,实际上,有时候只是徒然浪费精力和钱财而已。尤其是对于大面积区域的规划方案和大项目,更没有必要请建筑师广种薄收,在做法上完全可以先请有一定功力的建筑师进行策划,探讨各种可能的发展方向,拟出较完善的任务书后再选择合适的建筑师参加设计方案征集。有时候我们自己都不知道想要什么,在任务书十分原始的情况下,就举行国际招标。有时候,在不了解国外建筑师的情况下,就邀请数家甚至十家以上设计单位参加竞标。其中不乏优秀的建筑师,但是也必然会有不对路的设计师应

科学、技术与社会集

邀参加。自2002年以来,上海的"外滩源"地区正在策划开发,人们都希望这个地区的保护与改造能够成为21世纪世界上最重要的一项历史地区保护与再生项目。可是开发商请的美国建筑师却毫无历史地区的设计经验,将意大利建筑师格利戈蒂和上海的建筑师在多年辛苦研究基础上完成的城市设计抛在一边,再加上急于追逐利润,置城市规划于不顾。如此下去,不能不令人担忧。一旦按照开发商的思路对这一地区大动干戈的话,外滩再要申报世界文化遗产就会永远没有指望。

我们经常会遇到设计竞赛的水平并不低但是最终选择的方案却不佳的情况。其原因有三方面:一是应当检讨评选委员会,是否应当提高评委的水平;二是我们应当深入认识建筑师,认识从事该设计的建筑师的设计思想和职业情操;三是从业主方面找原因。最近我去北方某城市参加一项该市将要建造的最高的大厦,业主已经邀请了三家世界一流的建筑师事务所为他们提交了方案,其实这些方案都比现在拿出的方案更为成熟。于是我问业主代表,为什么不采用那些方案,回答是这些建筑师的服务有问题。原来,业主要建筑师多提几个比选方案,建筑师觉得奇怪:"我已经把经过筛选后最好的设计构思出来了,为什么还要我再提交自己也觉得不好的方案来比选呢?"这里面有着文化的差异,不同价值观念的建筑师的态度是迥然不同的。一些商业化的建筑师完全会投业主所好,你要圆的就给你圆的,你要方的就给你方的,你要"欧陆风",就给你夸张的不伦不类的建筑,业主会认为这才是"好建筑师"。有些评审委员会的组成人员也可能不那么恰当,非专业人员的比例超过专业人员的情况时有发生。在北京奥运会主体育场的设计竞赛的13名评委中,有6名外籍建筑师作为评委,7名中方评委分别是3位院士、1名行政官员、1名奥运会专家和2名企业承建方专家,国际设计竞赛请外籍建筑师作为评委是十分必要的,问题是评委的组成,他们的专长和思想方法是否合适。

2004年7月,英国皇家建筑师学会年会的主题是:好业主等于好建筑。这个题目十分有意义,好的建筑是城市的标志,是城市的品质。城市塑造建筑,建筑也反过来塑造城市。优秀的作品需要土壤培植,需要有让建筑师脱颖而出的环境。有的国家以建筑师作为民族的光荣,国家最高领导人出席颁发建筑奖的典礼,将建筑师的肖像镌刻在象征国家的钞票上,为建筑师举行国葬,等等。而目前中国对待建筑师的态度,在一定程度上依然沿袭了封建社会对待匠人的传统,视建筑师为纯粹的从事服务性行业的工匠。业主可以对建筑师颐指气使,或者就像古代西方贵族对待被他们保护的艺术家那样,对建筑师和建筑的形式"指点江山"。在这样的条件下,建筑只是业主的橡皮泥,是业主的附庸,业主通过

科学、技术与社会集

建筑师的手来捏造形象。没有受过专业训练的业主有什么样的水平，建筑也就只能有什么样的水平，建筑师的作用变成加入一些调料、掺加一些色彩而已。社会的分工被资本的权势所取代，建筑话语被业主或代表资本或权力的威势性话语所取代。建筑师从建筑的中心地位被排斥到边缘地位，其后果当然是大量水平不高的建筑充斥了城市的空间。

建筑构成城市的形态环境和功能结构，有什么样的城市，就会有什么样的建筑。在全球化的影响下，作为全球经济的组成部分，建设优质的城市环境，优化地方环境，是促进全球经济发展的必要条件。自20世纪60年代以来，整个世界都在不同程度上经历了一场后工业化城市的更新运动，可以称之为"再城市化"。"再城市化"调整城市布局，完善城市公共交通系统，保护并激活历史城区，改造工业区或滨水地区，建立城市绿地系统为城市居民提供休闲和活动场所等。例如，近年来西班牙巴塞罗那在1992年奥运会的基础上，不断提高城市公共空间的品质，按城市地区成片整治城市空间，取得了令世人瞩目的成就。

二、建筑文化和建筑师的边缘化

2003年，我在罗马大学开会之余，再次造访古罗马城三大圣迹之一的万神殿时，不经意之间，偶然发现万神殿前面的广场上有一个不起眼的麦当劳标记M，该标记只是一盏小小的灯箱，一抹淡淡的黄色。在巴黎的繁华街市，尽管麦当劳的店招比罗马城要张扬得多，但总体上依然比较节制。2004年6月，我在西班牙塞维利亚的一条大街上刚下车，猛然见到一家肯德基店，完全没有那种夸张的色彩和图形，如果不是因为我们的汽车就停在它面前的话，很可能就不会发现它。这就引发了我们的思考，为什么在北京、上海，在中国的许多城市，麦当劳、肯德基的广告和店招要比在欧洲，比在美国本土要张扬得多呢？因为在欧洲它是弱势文化，被人们看做垃圾食品，而在中国却变成强势文化，它可以张扬，乃至霸道。文化问题已经成为阻碍中国进一步发展的核心问题，当我们笼统地将一切商业化的东西都贴上文化标签时，诸如酒文化、食文化等等，在潜移默化中，文化已经渐渐成为弱势领域，成为经济的陪衬，文化要在经济的指挥棒下"唱戏"。我们的手工艺传统已经濒临消失，精益求精在速度优先的状况下几乎不复存在。

在经历了2001年9月11日发生在美国的恐怖主义事件之后，人们开始重新审视未来的世界发展，反思有关社会政治、经济、文化、城市等问题。然而，更重要的是反思人类社会的价值观问题。人们正在考虑如何应对全球化，人们更有理由重视文化传统对社会发展的巨

科学、技术与社会集

大作用。

　　日本建筑在20世纪60年代有一个蓬勃发展的时期,培育了一代日本建筑师,寻求日本文化在现代建筑中的表现,将民族性与时代性结合在一起。经过几十年的努力,日本建筑师已经在国际建筑界占有重要地位。当代中国建筑正向着现代化的目标快速前进,我们不禁要质疑:这真是我们应当追求的现代化吗?现代性不仅是硬件设施的现代性,更重要的是思想和社会行为方式的现代性,现代性的核心是文化而不是速度。

　　就建筑而言,全球化最重要的影响就是文化商品化。这迎合了当代中国一些文化商人的品味,在市场经济的幌子下,将文化投入市场。在这种情形下,用市场运作和炒作的方式处理本应严肃对待的建筑问题。试图将一切事物变成商品,形式成为作为商品的建筑的包装,建筑成为商业广告,使建筑异化、非建筑化。要求世界一流的建筑在实质上只是要求形式的奇特和广告化。

　　如果不从全民文化上提高建筑层次,其结果必然是:一方面,中国的建筑和城市规划成为世界的中心,中国经济的发展成为世界关注的焦点;另一方面,中国的建筑师却处于国际建筑界的边缘地位,这一现象值得我们深思。学术界的失语和建筑院校实验性和先锋性的落后应当引起我们的重视,社会学研究和建筑理论研究应当超前并预示建筑界的问题。吴良镛先生指出:"面

全球化影响下的中国建筑

临席卷而来的'强势'文化，处于'劣势'的地域文化如果缺乏内在的活力，没有明确的发展方向和自强意识，不自觉地保护与发展，就会显得被动，有可能丧失自我的创造力与竞争力，淹没在世界'文化趋同'的大潮中。"

就中国建筑师的边缘化而言，一方面应当反思中国建筑师的问题，另一方面也应当反思一下中国的高考制度和建筑教育问题，其本质是价值体系的偏移和文化中心地位的丧失。回顾中国建筑师在近55年间的创作，我们清楚地看到，中国的建筑师正在不断成长，中国建筑师在探索建筑的现代性和建筑文化方面已经做出了相当大的成绩，正在创造出一代又一代优秀的作品，其中有许多足以载入世界建筑史册的作品。自20世纪以来，在建立中国建筑的话语系统、探索并实现中国建筑的生命精神方面，一代又一代的中国建筑师为之奋斗了终生，作出了伟大而又卓绝的贡献，他们以自己的建筑思想、建筑教育和建筑设计实践奠定了现代中国建筑之路。然而，建筑是一个永远在持续发展的领域，我们仍然必须寻找一条在全球化条件下适合中国社会与中国城市发展的建筑之路。

然而，当今社会上流行的功利主义价值观引发了急功近利和短期行为现象，而且这一现象已经深入影响到各个领域。几乎一切项目都求快，"大跃进"的思维方式依然在相当大的程度上主宰着我们的城市建设和建筑

科学、技术与社会集

领域,这一思潮在相当大的程度上也影响了中国建筑师的建筑思想。在这样的情况下,一方面,中国的建筑师在人均数量上与发达国家相比,几乎只是他们的 1/10 甚至 1/20,建筑师的担子十分沉重,另一方面,建筑师本身的素质难以担当如此重要的任务,大量粗制滥造的设计本身也渐渐腐蚀了建筑师的心灵。

再者,作为培养未来大学生的中学,在人才培养上的实用主义已经严重影响了基础教育。为了适应高考制度,中学阶段忽视科学教育和审美教育,实行文理分科,培养能考入大学的人才,而不是社会需要的人才,学校渐渐失去了文化的核心功能。在这种情况下,进入大学学习建筑学之前的基础先天不足。同时,中学教育的功利化又将本应作为工具的外语和计算机转变成为教学的核心。

在大学建筑学教育过程中,广种薄收成为普遍现象,学生和教师的精力都比较分散。一是高等院校培养体制市场化的导向方式,注重硬件而忽视教师、教学传统以及积累的重要性,在缺乏师资和基本条件的情况下广泛设立建筑系。今天,全国已经有 125 所高等院校设立了建筑学专业,其中只有不到 1/4 的学校通过了评估,滥竽充数的情况时有所闻。有一所全国一流的理工类大学,在一无师资、二无学生的条件下,准备建立城市规划专业的硕士点,请专家评审。本人建议暂缓设立该硕士点，于是主其事者另找一些专家同意立即建立该硕士点，我们不敢想象如此培养出来的"人才"会创造出什么样的结果。二是扩大招收学生数和研究生数，由于建筑学专业十分热门，人们几乎普遍要求建筑系大量扩招，这种大跃进的培养方式基本上要靠学生的悟性和自身的努力。三是教师的精力过于分散，不能全心全意培养学生，大多数教师也缺乏进一步发展的理论基础，理应站在学术前沿，作为建筑批判中坚的建筑院校渐渐丧失了先锋性和实验性作用。建筑系的学生缺乏文学修养，历史、地理知识贫瘠，大学又不可能去补中学的课程。造成学生人文素养的缺失，因而对理想和信仰的追求也几乎成为空话。大学建筑学教育应当提倡教学相长，提倡建筑师的全面发展。但是，由于只注重工具理性，而忽视终极理性，长此以往，很难培养出有崇高的社会责任感的建筑师。

有一些工程技术问题，实质上也是文化问题。最近在讨论上海外滩的改造时，原来的构想是将车道放入地下，地面只留3至4条为外滩地区服务的车道。主其事的技术人员提出了一个特别的想法，为了节省投资，设想将外滩的地面抬高，建造一个大平台，地面仍为原来的车道。如此一来，外滩所有那些历史建筑看上去都仿佛在膝盖以下截了肢。这些技术人员又想出了一招，将外滩所有的建筑加以顶升。真是可怕的技术措施，按此

科学、技术与社会集

方案实施的话,工程师是完成了一项划时代的"创举",可是却会毁了作为文物的外滩,毁了世界上最好的滨水区之一。我不得不惊叹他们怎么想得出这种主意,仔细冥想,是我们的工程技术教育有缺陷。我们只是培养有用的人才,而没有培养全面发展的人才。

获得过普里茨克建筑奖的荷兰建筑师库尔哈斯调侃中国建筑师说:"世界上最重要、最有影响力、最强大的中国建筑师,他们在职业生涯中仅仅在住宅设计一项就相当于36幢30层的高层建筑。中国建筑师在最短的时间内,以最低的设计费,设计了最大数量的建筑。中国建筑师的数量是美国建筑师的1/10,他们在人家1/5的时间内设计了5倍数量的建筑,而他们的设计费只有美国建筑师的1/10。这就是说,中国建筑师的效率是美国同行的2500倍。"尽管这种说法有些刻薄,但也并非空穴来风。正是这位获得建筑大奖的建筑师承诺他所设计的耗资巨大的中央电视台新楼是中国人所追求、所需要的建筑。我们真需要这样的违背建筑的基本原理、挑战重力、挑战地震力的建筑吗?我们需要的是适宜于我们这个仍然属于发展中国家的城市和建筑。

建筑师必须从自身领域以外的哲学、文学、语言学、符号学等非建筑学的领域寻求精神支柱。建筑的重要性质决定了建筑是社会的建筑,是理性的建筑。建筑领域也是一个全民参与的领域,没有哪一个领域能够牵动如此多的人心和物质资源，这是一个影响十分广阔的领域。建筑师和创造建筑的人们担负着十分重大的社会责任、历史责任、环境责任和教育责任。

三、发展中国家的全球化问题

可持续发展问题已经成为当前念念不忘的口号，实质上，可持续发展要求的是全社会长期坚持不懈的努力，浮躁和急功近利必然与可持续发展的目标大相径庭。日本建筑师安藤忠雄指出："就全球环境观而言，建设一个可持续发展的社会就是真正的创造性。环境保护的概念似乎很保守，与创造性似乎有些冲突，然而事实并非如此。迄今为止，没有哪一个现代国家成功地实现一种人类与其他物种共生的社会，每个社会都对环境施加了负面的影响。要不了多久，我们的以消费为主导的现代文明就会走向末日。我们必须懂得，如果我们不提高自觉性，人类就会处于灭绝的边缘。"

无论全球化存在何种程度的负面影响，我们应当肯定的是，全球化会给各国的经济以及社会生活的各个领域带来巨大的冲击和动力。全球化对城市的冲击是城市化以及产业结构的重组。随着中国经济建设和社会事业的发展，以及中国加入世界贸易组织，中国各主要城市的产业结构、经济结构以及城市结构必将面临全面

科学、技术与社会集

的调整。全球化的影响意味着中国的城市规划和城市管理体制、建筑设计体制、建筑管理体制等也应遵循一定的国际范式,改变"没有规划就是规划"的状态。

当前,人类社会发展的两大趋势是:一是城市化,二是数字信息技术的广泛应用。而发展中国家并没有为此做好准备,尤其是在生态环境保护及可持续发展方面,发展中国家急于实现城市化,而没有注重城市化的品质以及所带来的诸如交通和环境保护方面的问题。现代化大都市是环境和生态问题的中心,这些问题影响着人类和整个地球。

建筑是与文化密切相关的领域,建筑与城市、建筑与使用者、建筑与环境、建筑与人们的生活方式密切相关。建筑具有非常城市化的场所特征,建筑与城市及文脉、环境之间存在着一种可持续性。境外建筑师如果参与中国的城市设计和建筑设计,就必须认识并熟悉中国文化和城市的空间关系。2001年,在上海国际客运中心的设计竞赛中,有5家中国的和国际的建筑师事务所参加,评委选择了日本的日建设计公司与加拿大的卡洛斯·奥特建筑师事务所的方案。最后,业主决定选用卡洛斯·奥特建筑师事务所的方案。这个方案确有一定的创意,然而又是一个完全无视特定城市环境的设计,与城市文脉相互冲突,这样的建筑比较适合于布置在一片开阔的基地上,而不适合于建筑物密集的历史地区。

全球化影响下的中国建筑

2002年落成的上海外滩中心是波特曼建筑师事务所的作品,这座建筑的顶部应用了上海20世纪80年代末以来流行的非建筑语言,使这座建筑看上去就像赌场一样。1999年以来,关于北京国家大剧院建筑的论争在一定程度上也可以说触及了与文化及城市环境文脉相关的问题。这方面的论争并不是针对某个项目是否应当由国外或境外建筑师承担的问题,而是针对在全球化的影响下,怎么样的建筑师才能创造出优秀的中国建筑的问题。全球化对建筑的冲击是在新思潮的推动下,新国际式建筑的流行和建筑文化的多样性对所在地区的影响。

  在全球化文化的冲击下,中国的许多城市逐渐失去了个性,彼此之间越来越相像,在国际文化,尤其是美国文化的冲击下,城市空间也越来越向纽约的曼哈顿看齐,城市的发展越来越向高处延伸,而不考虑具体的社会历史环境、城市基础设施和人口的承受能力,以及城市内爆的潜在因素。想把北京建设成为"世界建筑博览会"的原因也是片面地认为现代化、国际化大都市的形象就是高楼大厦,以纽约的曼哈顿、东京的银座、香港的中环作为现代城市的模式。今天,在上海的天际线上已经出现了7000多栋高层建筑,无论是否合适,许多建筑都以标志性作为设计的目标,并且在一些地区呈现出一种无序,甚至相互冲突的状况。在大规模推进新建设的

同时,忽视对历史建筑和历史城市风貌的保护,反映了一种在社会转型过程中缺乏整体意识的社会价值观,同时也反映了过分追求变化,而忽视变化的终极理想目标的状况。

在当代中国城市化快速而又大规模发展的过程中,如何将宏观的城市规划和城市理想通过城市建设予以实现,是城市的领导者、管理人员、建筑师和规划师所面临的新挑战。中国的城市建设形势是世界上任何别的国家都未曾遇见的问题。一方面,长期沉睡的城市终于有了变化发展的动因和契机;另一方面,思想尚未经过清晰的沉思,在缺乏理论武装的状况下,就要迅速投入急遽的变革洪流之中。一方面令人为之振奋,另一方面也令人深思,甚至担忧。应当作为手段的"变"与"新"成为城市建设的目的,速度和形象优先,理性和理想退居末位。在思想尚未现代化的同时,追求超越精神和物质水平的过度现代化,追求物化环境的过度现代化成为城市发展的主导方向。在这样的情况下,境外建筑师和规划师全面介入了中国城市的城市规划、城市设计和建筑设计,甚至成为中国城市现代化的主力军。

在全球化的国际建筑市场,越来越多的大规模建设项目由远离项目所在环境和背景的建筑师来设计。建筑师对城市和文脉的缺乏理解,开发商对利润的追求,导致了一种在一张白纸上抽象地规划历史城市,改造城市的自由。这种不受约束的自由摧毁了城市的文化认同，以西方的文化认同代替我们社会和城市的文化认同。请合适的建筑师做适当的项目，做适合城市环境和建筑师特长的建筑，而且做符合环境和可持续发展的建筑，这是保证建筑成功的关键。自20世纪70年代末以来，境外建筑师发挥了十分活跃而又积极的作用，设计了一系列优秀的作品。国际建筑师的参与由早期的建筑单体设计，扩大到城市规划、城市设计、景观设计，甚至产品设计。范围也由早期的酒店设计，延伸到大型公共建筑、住宅设计、历史建筑和历史街区保护，呈现出多元化的趋势。

  在"再城市化"的过程中，脱离环境的英雄建筑的时代已经过去，建筑与城市空间的关系，建筑与人的关系成为建筑的主导因素。优秀的建筑并不是排斥城市空间的明星建筑，建筑有一个创造场所又融入场所的关系。一座优秀的建筑必定与它所处的城市空间有着共生的关系，不虚张声势，不事张扬，不霸道，不摆出一副帝国纪念碑式的架势去统率城市空间，不去破坏城市空间的和谐。优秀的建筑应当考虑使用者的需要，以城市的公众利益为追求的目标。

  上海素有"万国建筑博览会"之称，一方面是上海建筑的兼收并蓄，另一方面也是上海采用宽容的拿来主义态度，对世界各国建筑的拷贝能力十分强。20世纪初的

科学、技术与社会集

上海发展了一种商业化的所谓的巴洛克折中主义,我们暂且不必去批评当时的建筑师如何缺乏原创力和时代精神,尽管今天仍然把这些建筑看做是一个时代的象征。重要的是创造当代建筑的辉煌,而今天的上海建筑被人们戏称为"帽子展览会"、"建筑动物园",这是因为几乎每一幢建筑都想要成为标志,突出自己,而没有考虑城市空间形象和公众利益。最近的一项设计竟然想将帽子戴成西方15世纪的瓜皮帽,直接放在象征上海改革开放的标志性建筑——东方明珠电视塔旁的某金融公司总部的高层建筑屋顶上。这个项目的设计任务书上写明:"本建筑位于陆家嘴金融贸易中心区核心地段,在东方明珠广播电视塔和金茂大厦之间,需与它们形成完美的建筑天际线;本建筑又与中银大厦、交银大厦处于同一区域,须以自身独特而完整的建筑布局与它们形成融汇一体的空间环境,并通过建筑形象的强烈对比——以'欧式古典'与'现代'的风格反差——突出个性、强调自我;本建筑又同外滩保护建筑群遥相呼应,通过欧洲传统风格与外滩优秀保护建筑群所体现的文化气息相互协调,相互衬托,进而展现本建筑经久不衰的传统文脉所形成的视觉效果。"一旦这样强调自我的建筑变成现实,整个上海的城市形象将倒退两个世纪,外滩建筑群的历史建筑也会受其影响。值得思考的是,两轮评审会上所有的专家都认为这个方案不可取,一致反对

全球化影响下的中国建筑

在如此重要的地段采用所谓的"欧式古典",而这个方案在开发商的坚持下竟然通过各种审批手续准备兴建。浦东陆家嘴金融贸易中心区是上海改革开放的形象,也是中国的形象之一,怎么可以如此糟蹋呢?浦东陆家嘴已经有了若干城市形象的败笔,应该是总结经验教训的时候了,我们应当想一想今天上海的建筑何去何从。

20世纪90年代初,人们对北京建筑的帽子颇有微词。而今天我们应当看到,北京的建筑已经走出了这个误区,出现了一批优秀的建筑,注重整体的开发,注重地下空间和立体空间的开发,崇尚简约的风格。而上海的建筑仍然还在小型地块开发上做文章,仍然在相当程度上崇尚"极繁主义"。

一方面,我们在城市建设过程中建造了一些垃圾建筑,另一方面又在摧毁许多优秀的历史建筑。城市的发展与建筑是一个整体,如果失去了城市赖以自豪的历史建筑,我们对城市发展的认识就缺乏形态的佐证。如果没有陆家嘴那些高层建筑,改革开放的纪录也许就会不那么完整。一座城市建造或者将要建造什么样的建筑,选择什么样的建筑师,什么样的建筑风格和形式,甚至建筑的高度和密度,建筑与城市空间的关系,建筑与人的关系等等,都是城市和社会的缩影。

优秀的建筑需要全民的扶植和培育,需要全民的呵护。我们要善待城市,爱护我们这座经历了近千年发展

科学、技术与社会集

演变的城市,爱护建筑,尊重建筑师,尊重文化,尊重艺术。而不是将我们的城市,将历史街区,将城市中的建筑看做是积累资本的掠夺对象。历史告诉我们,城市和城市文化的积淀与资本的积累是同时形成并完善的。任何城市的演变都是城市的历史引入新元素、新精神的结果。城市的历史和历史建筑是我们的资源,是城市的特色,而不应当被看做是城市建设的障碍。

目前国内有一种趋势,凡重要项目,都要邀请国际上的明星建筑师来担纲设计。相对于以往不分良莠,唯外国建筑师独尊,大量二三流建筑师一统天下的状况而言,这是一个进步。但是也有一些问题需要我们认真思考。

第一,外国建筑师,即使是优秀的建筑师也并不是万能的,每个人都有擅长的专业领域。有一些建筑师,他们只有过较小规模的建筑设计的经验,习惯于按平方米来考虑问题,我们却要求他们按平方公里来考虑问题;有一些建筑师,他们只有过建筑设计的经验,擅长考虑建筑单体,我们却聘请他们做大范围的城市规划。就大多数外国建筑师而言,他们今天在中国所做的设计是其在本土一辈子也不见得有可能实现的梦想。

第二,要善待并扶植中国自己的建筑师。中国建筑师曾历经磨难,在20世纪30年代终于争得了中国建筑话语权。今天,曾经历过劫难的中国建筑师又要在不平等的条件下,与我们的外国同行争夺话语权。国际建筑师能否代替我们找到中国当代建筑的发展方向,能否创造出具有批评意义的优秀建筑,这些都是需要我们深思的问题。我们应当与参与中国城市建设、建筑设计、城市设计的境外建筑师共同努力,共同探索中国建筑的发展道路。

第三,外国建筑师能否善待我们的城市、我们的文化。全球化不能代替地域化,文化不可能全球化。相当多的境外建筑师在处理中国的旧城改造问题时,往往将城市看做是一张白纸,在上面随心所欲地勾画蓝图,气势雄伟,图面效果夸张,但是与现实相差甚远。2002年,在上海北外滩国际设计方案征集中,有一位国际建筑界十分著名的美国建筑师,在对北外滩这个城市的历史区进行规划时,试图在上海实现他最近关于生态建筑的新理念,提出了建设生态城市的构思,仿佛这个历史区是一片原生态的郊野,可以挖出许多河渠和湖泊。如果采纳这个方案并实施的话,我们的历史街区和历史建筑将很快消失。

第四,建筑有其自身的规律,好的形式不一定是好的建筑。库尔哈斯的中央电视台建筑设计方案换在其他城市,换作其他用途也许会是一座优秀的建筑,但是,用在北京这个地震区和对技术性和功能性有如此复杂要求的电视台建筑上是否合适是值得讨论的。赫尔佐

格的鸟巢从空中俯瞰结构清晰,充满结构理性和丰富的肌理,但是从凡人的地面视角来看,也许就不那么壮观,甚至有点凌乱,这座建筑的技术经济性也是值得我们反思的。

2010年世博会将在上海举办,这将是上海城市发展的一个里程碑。这将是对城市、对建筑与建筑师的一个挑战。这届世博会的主题是城市,上海作为以城市为主题的2010年世界博览会的举办城市,有着特殊的意义。上海是现代中国城市化水平最高的城市,是世界大都市之一,在中国乃至世界城市发展史上都具有典型性。无论是在历史上或是现实中,上海都是城市发展的一个极好的展示场所。在2010年世博会上,我们可以探讨城市的有关问题,推广先进的理念,创造城市未来发展的模式。上海在筹备世博会的过程中,必然会建造更多的优秀建筑,创建面向未来的住宅区,丰富城市发展的新理念,完善并提升城市功能,推动中国的城市化进程。

2010年上海世界博览会对中国、长江三角洲、长江经济带及上海的经济总量和结构,对上海的产业结构、城市结构以及城市规划、城市交通、城市建设和城市管理等,必将带来长远而又深层次的影响。上海的生活方式、城市综合竞争力的发展和城市化水平也将进入一个新的阶段,使上海尽快列入世界城市的行列。城市,让生活更美好,而美好的建筑,则让城市更美好。

实施科学发展观,走可持续发展之路

陆大道

一、科学发展观——实现可持续发展的根本理念
二、我国经济长期高速增长及付出的资源环境代价
三、落实科学发展观,实现我国的可持续发展

【作者简介】陆大道,经济地理学家。1940年生于安徽枞阳县,1963年毕业于北京大学地质地理系。20世纪80—90年代在原联邦德国做访问学者、合作研究和客座教授。历任中国科学院地理研究所所长、中国科学院地理科学与资源研究所研究员、中国地理学会理事长。

长期从事经济地理学和国土开发、区域发展问题研究,尤其是工业布局影响因素的评价,初步建立了我国工业地理学的理论体系。参与了《全国国土总体规划》、《环渤海地区经济发展规划》等多项国家级及地区级规划的制订和战略研究。20

世纪80年代中期,他提出了"点—轴系统"理论和我国国土开发和区域发展的"T"字型空间结构战略,即以海岸地带和长江沿岸作为今后几十年我国国土开发和经济布局的一级轴线的战略,被国家所采纳,并获得学术界广泛引用和推崇。近年来,他对我国区域发展、地区差距和区域可持续发展进行了大量实证性和理论研究。

2003年当选为中国科学院院士。

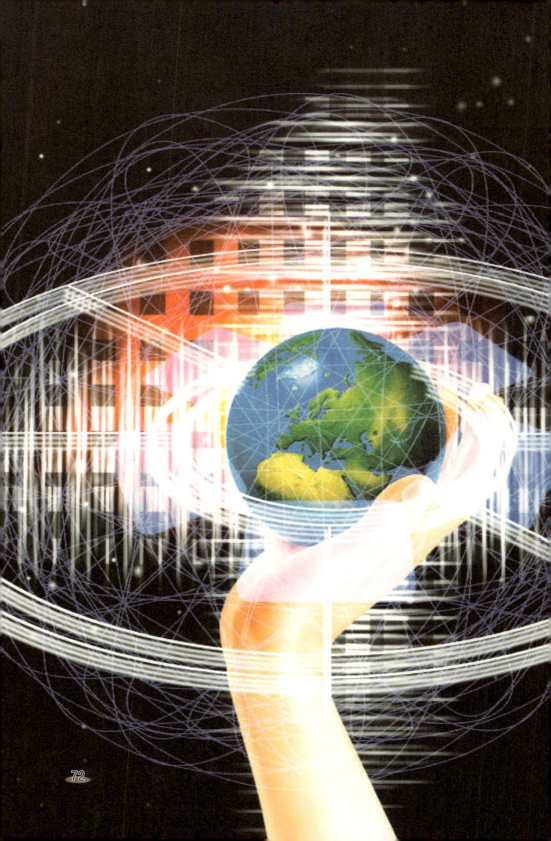

一、科学发展观——实现可持续发展的根本理念

1. 自然的概念及人与自然的相互作用

关于自然的概念,地质学家黄鼎成作了如下的论述:"自然,或称自然界、环境,是指统一的客观物质世界。它是在意识之外、不依赖于意识而存在的客观实在,是由地球表层的大气圈、水圈、岩石圈和生物圈构成的。自然界是一个复杂的系统,它具有自己的结构和功能,并按照一定的规律进行演化。"根据达尔文的进化论,人是自然演化的产物,人类的进化与自然的演化密切相关。

人类长期生产和生活的历史告诉我们:自然环境是人类赖以生存的基本条件。但是,自然为人类提供的条件是不均衡的,这种不均衡主要表现为时空的不均衡。与此同时,人类对自然的依赖也是发展变化的。这种变化可以归纳为:随着社会经济的发展和科学技术水平的提高,人类对于自然的依赖在规模和程度上越来越大。而人类对地球表层的改变,主要表现在影响自然系统的物质流动、能量的平衡以及资源的消耗,等等。

回顾在长期实践中形成的关于人与自然相互关系的基本认识和基本观点,对于认识科学发展观是非常重

科学、技术与社会集

要的。在我国，天人关系是古代哲学的重要命题，包括天与人、天道与人道、自然与人为的相互关系。其观点是既有天人相分，又有天人合一。关于天人关系的思想是相当丰富的。其中包括：儒家的效法自然说，强调效法自然规律，达到"天人合一"；老庄的因任自然说，强调消除一切人为，返璞归真；荀子的征服自然说，强调利用和改造自然，"明于天人之分"，"制天命而用之"。

与中国天人关系讨论相对应，在西方是关于"人地关系"的观点，也就是关于人与自然的关系。其典型学说有：环境决定论，认为地理环境因素决定社会历史状况、国家的发展程度、民族性格等；环境可能论，认为地理环境为人类社会发展提供了多种可能，人们在一定范围内可以自由选择和利用它们；人类决定论，即征服论、人类中心论，强调人通过与自然界的斗争，通过不断的科技进步创造"没有极限的增长"，这种理论过分强调了人的能动性，忽视了时空条件的局限，忘记了人是自然的一部分；人与自然协调论，提倡人类发展与自然演化保持协调关系。人与自然协调论就是现阶段占全球主导的发展观——可持续的发展观。

2. 自然结构和社会经济结构的巨变与可持续发展

西方工业革命以来，特别是第二次世界大战后，社会经济的迅速发展和强大技术手段的运用正在剧烈地

实施科学发展观,走可持续发展之路

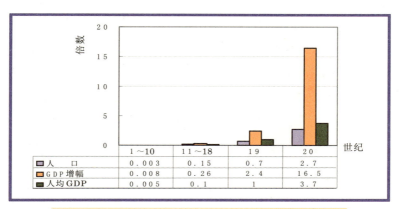

▲ 图1 不同时期世界人口与经济的发展速度（平均每个世纪的增长倍数）

改变着自然结构和社会经济结构。

在人类以往数千年的文明史中,人口与经济发展基本上是逐期加速的。公元后的第一个一千年,是一段罕见的发展停滞期,世界人口与国内生产总值(GDP)增幅均极微小。刚刚过去的20世纪在人类漫长的历史上无疑是一个伟大的世纪,人类的社会经济以史无前例的高速度向前跃进,其发展水平达到了崭新的历史高度。2000年世界人口总量为60.57亿,比1900年增长了2.7倍;世界GDP为34.6万亿美元,增幅更高达16.5倍。人均国内生产总值(GDP)超过5 700美元,增长了3.7倍之多。特别是20世纪后半期,世界人口和国内生产总值分别增长了1.4倍和8倍,人类在短短几十年里创造出的财富,超过了以往一切世代的总和。

科学、技术与社会集

然而，令人鼓舞的经济增长也付出了巨大的环境代价。在经济工业化和社会城市化大规模发展的同时，环境和生态状况恶化也日趋严重，即"三废"污染、臭氧层破坏、温室效应、酸雨、森林破坏与水土流失、资源耗竭、沙漠化、海洋污染等愈来愈严重。环境危机正威胁着人类的生存和发展。这种危机正在引起全球的、国家的和各类区域的重大变化：

（1）地理环境与地理生态变化

这主要表现在全球和部分地区的气候变化、荒漠化、水土流失、海平面上升等。这些变化及其引发的自然灾害正在威胁着人类的生存环境和赖以生存的资源供给。

（2）资源地理的变化

资源地理的变化主要表现在：出现国家和地区性资源严重短缺乃至全球性的资源危机，生态环境破坏与资源短缺问题互相交织在一起。全球许多地区的自然灾害比历史时期严重得多，造成非常突出的资源和生态安全问题。

（3）经济地理的变化

这主要表现在经济全球化的发展，使全球范围内国家和地区间经济和社会发展差距扩大。国家之间由于经济利益的冲突而导致的矛盾和对立日趋普遍。超国家的经济集团力量不断增长，国家的经济不安全问题突出。

（4）社会地理和政治地理的变化

由于贫困、宗教、文化差异而引起国家、地区的社会不稳定有愈来愈严重的趋势。

上述情况表明：20世纪的这些变化都是由于地球表层系统范围内要素及其相互作用的变化引起的。这些变化的性质表明：由自然因素引发的环境变化正在转变为由人类活动因素引发的环境变化。这些变化的结果就是造成了严峻的可持续发展问题。

环境和可持续发展问题引起了联合国和许多国家的极大重视。"走出困境"、"拯救地球"、"保护环境、持续发展"成为政治家和科学家的共同呼声，也是21世纪人类社会面临的重大主题之一。

人类不断膨胀的需求和科学技术的迅速发展导致人与自然的严重冲突。20世纪60—70年代，在西方发达国家出现了声势浩大的环境运动。1968年，非正式组织"罗马俱乐部"建立。1972年，该俱乐部发表了第一个报告《增长的极限》，开始了人类前途悲观派和乐观派的大辩论。1972年，在斯德哥尔摩召开的联合国人类环境会议，发布了《只有一个地球》的非正式报告。在人类前途悲观派和乐观派的大辩论中，我们逐步形成共识，这就是：增长是必要的，问题是如何增长，如何避免不惜代价的增长，从而实现全面协调可持续发展。1987年，联

合国环境与发展委员会(WCED)通过了划时代的纲领性文件《我们共同的未来》。联合国环境与发展委员会将可持续发展定义为"是既满足当代人的需要,又不对后代人满足其需要能力构成危害的发展"(世界环境与发展委员会,1987)。从中可以看出"以人为本"的内涵。

3. "发展"内涵上的变化

根据可持续发展的基本理念,"发展"的内涵是在逐渐发生变化的。在国家发展和工业化的初期,"发展"单纯意味着经济增长,并且表现为谋求国民生产总值的最大化。这一阶段一般是由经济高速增长转而进入稳定增长的时期,发展的主要作用力是经济效益,即公司主要谋求的是降低成本、增加利润和扩大生产规模,政府谋求的是税收增加、就业增加等。到了工业化的中后期,社会因素(如地区竞争中的公正原则、发展机会均等原则、边远和少数民族地区要保证得到相应发展等原则)会起到比以往明显大得多的作用。在此情况下,在决策权重组中,经济因素作用下降。社会经济区位决策可能偏离经济上的最优方案。这时的"发展"意味着经济和社会的全面发展。在经济技术达到高度发展阶段,即后工业化阶段,人类以强大的技术手段作用于自然,强烈地改变着自然结构和生态环境结构。保护环境和维护生态平衡成为重要的决策因素。该因素愈来愈明

实施科学发展观,走可持续发展之路

显地影响国家和地区资源开发方向、产业选择和空间布局。在这种情况下,社会经济空间区位抉择同时受到经济、社会、环境三个因素的作用,即人类的社会经济活动在三维空间中进行。三维空间中的经济增长,既受到经济利益因素的制约,同时还受到社会公正和控制生态环境恶化因素的制约,因此,增长速度低于二维空间,更低于一维空间的结构状态。但是,从人与自然及人口—资源—环境相互协调的角度看,却是一种比较协调的高度发展的状态。

二、我国经济长期高速增长及付出的资源环境代价

1. 我国社会经济的巨大发展

改革开放以来,我国经济长期获得了高速和超高速增长。从1978年至2003年,我国国民生产总值(GNP)年平均增长9.4%。即:1978年我国国民生产总值为3600亿元,到2003年已达到11.6万亿元(按可比价格计算)。与此同时,我国许多主要工业产品的产量已经占到全球很大的比重。2003年,我国的钢产量超过2亿吨,汽车生产超过400万辆。在经济高速增长的同时,城市化发展非常迅速:从1980年到1995年的15年期间,我国城市人口从1.9亿增加到3.5亿。一系列城市和产业

科学、技术与社会集

集聚带及若干大都市经济区开始形成。高速度的工业化和大规模的城市化，给我国的资源环境带来巨大的压力。

2. 近年来我国可持续发展的基本态势

以上提到的全球生态与环境问题在我国表现得相当突出。我国面临着促进发展与保护环境的双重压力。也就是说，我国面临着需要发展的巨大压力，同时又陷入深刻的环境危机之中。

（1）令人担忧的资源短缺

我国是资源总量大国，但却是人均资源小国。我国人口总量大，经济规模大，加之处于工业化的初中期阶段，产业结构明显地以消耗资源强度大的部门和产品为主。在经济总量迅速增长的情况下，资源被加速消耗，有些资源正趋于耗竭。对人类生存和国家发展意义重大的资源，如耕地、草场、淡水、能源等，都存在严重的不足。全国人均耕地虽然仍有1.6亩，但一些人口和经济大省的人均耕地都很低，在1亩以下。从1996年年底到2003年的7年间，中国耕地减少了1亿亩，人均耕地不到世界人均水平的40%。上海、北京、福建、天津及广东等省、市均已低于联合国粮农组织所确定的人均0.8亩耕地警戒线。在全国2 800多个县、市、旗区中，低于此警戒线的有666个。由于土地的大量占用，我国今后粮食供求态势相当严峻。我国能源资源结构有致命的弱点,煤占一次能源总消耗的70%左右,高效优质能源(石油、天然气等)资源少。但是,我国目前单位国内生产总值的能源消耗却为世界平均水平的2.6倍,比发达国家高出更多。

我国是一个水资源严重短缺的国家。淡水资源总量为28 000亿立方米,占全球水资源的6%,仅次于巴西、俄罗斯和加拿大,居世界第四位,但人均只有2 300立方米,仅为世界平均水平的1/4、美国的1/5,在世界上名列121位,是全球13个人均水资源最贫乏的国家之一。北方干旱严重,华北地区平均缺水已达到100亿~150亿立方米。我国有相当部分矿产资源可以满足国内之需,但确实还有一部分不能满足所需。资源短缺在我国将愈来愈严重。据预测,45种主要矿产(含能源矿产)中,国内现有探明储量能满足今后十年需求的可能只有一半,特别是像石油、天然气、铜、金、富铁矿等大宗矿产资源严重不足,届时我国许多大油气田和大型矿山会因资源耗竭而关闭。这不仅将极大地制约我国经济的持续快速发展和影响国家的安全,而且还会带来严重的社会就业等问题。

(2)环境恶化和生态破坏相当严重

全国水土流失面积达367万平方公里,每年新增1万平方公里;全国荒漠化土地面积达262万平方公里,每

科学、技术与社会

年以2万平方公里的速度增加。环境恶化日趋严重。城市化和工业化速度的不断增长导致了污水和废气排放量的持续上升。最近20年中国快速的工业化进程主要是在东部沿海及内陆部分人口密集地区展开的。水体、大气、土壤和生态环境严重污染,农田、森林、草原、湿地的生态破坏(如北方农牧交错带近十年荒漠化土地增长2.48万平方公里,南方丘陵山区近30年荒漠化土地从占该地区面积的8.2%发展到22.9%),环境事故、生态灾难、生态难民及自然灾害频率的不断增加(如洞庭湖水灾在公元295—1868年之间平均41年一次,最近40年平均5年一次),生物多样性、水源涵养能力及生态系统服务功能的持续下降给人民身心健康、国家环境安全和经济的持续发展造成了严重的威胁。环境污染、生态破坏表象的后面是国有生态资产的流失和生态服务功能的退化等。

三、落实科学发展观,实现我国的可持续发展

我国是一个人口众多的发展中国家,相对于许多国家来说,发展和环境的双重压力更为突出。我国是世界上人口最多的发展中国家,约占世界总人口的21%。人口数量将在较长时期内继续增长,预计未来十几年每年平均净增1000万人以上,到2020年,人口约增长到15

亿。我国经济规模愈来愈大。从1978年改革开放以来到20世纪90年代,我国国内生产总值翻了一番以上,到2000年,国内生产总值达近9万亿元。如果按7%的年平均增长率计,2020年经济总量将为2000年的4倍。加之正处于工业化的中期阶段,产业结构明显地以消耗资源强度大的部门和产品为主。庞大的人口数量不仅给教育、就业、老龄化等带来一系列难题,而且形成对农业、资源和环境的持久压力。我国有限的资源和相当脆弱的生态系统如何能维持如此日益增加的经济总量和人口总量?如何能够维系中华民族的永续发展?环境、资源、人类生存和经济增长之间存在着相互促进和制约的关系。一旦中华民族赖以生存的自然基础和生态环境遭到全面破坏,必然会严重阻碍经济发展,影响社会发展。这将对国家稳定构成严重的威胁。

1. 我国可持续发展的基本目标和基本点

走符合我国国情的可持续发展之路,实现我国可持续发展,具有三个基本目标:第一,促进经济效率水平的提高,也就是说,既要求保持经济的持续发展,又要求生活水平与生活质量得到提高;第二,实现资源和环境利用的代际公平,也就是说,要充分考虑资源的代际分配,使环境可以恢复;第三,按照生态整体性的要求,改善生态的保障与支持系统。根据这个目标,实现我国可持续

科学、技术与社会集

发展战略的基本点应该是：其一，控制人口，包括控制人口数量增长和提高人口素质；其二，全面节约利用和保护资源，包括单要素的节约，即节约利用水、土、能源、生物资源等和降低整个国民经济的资源消耗，提高资源利用的投入效率，特别是提高能源、水资源、土地资源的综合利用效率；其三，保护环境，即加强水、土、大气污染的治理以及生态保护与建设。

为了实现上述三个目标，一个重要的途径是建立中国的资源节约型社会经济体系。

2. 资源节约型社会经济体系的框架

建立我国未来资源节约型的社会经济体系，需要全面衡量我国发展的前景和我国资源与环境的基本特点。其基本框架是：

根据国家和各地区资源及资源结构的优势与劣势，确定全国生产产业群体和相应的规模；建设以经济长期稳定增长为基础的积累消费体制；改善就业结构，大力发展第三产业；加强交通运输和邮电通信，增加空间机动性；调整社会经济的空间结构，把更多的资源、空间吸引到社会经济循环中来；重点发展中等城市；建设资源和环境保护的管理、监测、工程规划设计体系；提高人口素质，增强改造利用和保护自然的能力。实施以上具体目标，最终要求各地区建立起一个节约和集约利用土地、水、能源、生物、矿产等自然资源的产业结构、农业种植结构、城镇居民点规模结构、技术结构、外贸结构、消费结构和社会经济的空间结构，实现国民经济持续发展，使我国人民生活质量在大的时间尺度和各种空间尺度上得到逐步提高，协调好人与自然的相互关系。

建立地区资源节约型社会经济体系的基本途径包括：将我国经济增长由高速增长逐步调整为稳定增长；确定投资规模与投资方向，注意合理安排积累与消费的关系；重视发展资源消耗强度小的产业；科学地确定人口城市化的速度和合理的城镇规模结构；提倡节约的消费观；调整社会经济的空间结构，逐步解决国土开发与经济发展的区域不平衡问题；继续调整进出口贸易结构，扩大利用全球的和其他地区的资源；建设发达的交通和信息系统，提高空间和资源的利用效率。

3. 走主要依靠科学技术发展经济的道路

改革开放以来，我国经济获得了高速增长，综合国力大幅度提升。但是，近年来，长期高速和超高速经济增长带来的负面效应越来越明显。虽然，近年来的高新技术产业是经济增长的重要动力之一，但多数地区的高速经济增长，主要还是依靠钢铁、水泥等建筑材料，以炼油和合成材料为主的石油化工、电力、有色金属等基本能源原材料的量的扩张达到的。由于这种方式是主要

依靠外延式扩大再生产来获得经济增长,导致了我国的资源和能源供应非常紧张。2003年我国消耗的各类矿产资源约50亿吨。如果按照近年来单位国内生产总值的资源消耗趋势,到2020年,我国每年的矿产资源消耗量就将达到120亿吨以上。近年来,我国在经济高速增长的同时,能源消耗弹性系数持续上升,2003年竟然超过了1.0。在20世纪80年代和90年代期间,我国能源消耗弹性系数曾经下降到0.5左右。引起这种能源消耗态势的变化,根本原因是没有很好地实践内涵式经济增长的方针。许多地区的经济发展,尽管注意到提高发展的质量,强调产业结构的调整和升级,但同时又要求国民经济的增长速度达到两位数。在确保增长速度如此高的情况下,产业结构调整既没有时间,也不可能有相应的资金及技术支撑。其结果仍然是使国民经济发展在很大程度上依靠矿产资源和能源的消耗。这种情况是令人担忧的。

如何使我国的国民经济获得持续发展的支撑能力,现阶段人们提出了一个极为重要的问题:是不是应该使我国成为"世界工厂"或者在多大程度上成为"世界工厂"?近年来,部分地区政府和学者对中国可以成为原材料生产的"世界工厂"的发展目标相当认同,一些地区的决策也朝这个方向发展。其具体的做法就是积极引进大型的基础原材料项目,依靠国内国外两种资源,大幅度扩大基础原材料的生产规模,以保持地区国内生产总值的持续超高速增长,乃至大量出口这些产品。例如,2003年我国的钢产量达到2.2亿吨,另外有0.8亿吨的钢铁生产能力正在建设。但就是在这种情况下,通过跨国公司和部分地区、部门相结合,一些新的大型钢铁企业的建设项目又提到日程上来了。其他如有色金属、石油化工、建筑材料等的生产规划也是如此。这就提出了一个重大的问题,即我国外延式扩大再生产还有多大的空间的问题。按照一些发达国家特别是发达的大国走过的工业化道路,在工业化的不同时期,国民经济对能源原材料的需求是变化的。如图2所示,当人均国内生产总值达到2 500美元时,单位国内生产总值的钢需求量达到最大,约每美元需要0.22千克。2003年,我国每美元国内生产总值的钢消耗量已经达到0.18千克。在考虑到我国国内生产总值增加的情况下,三五年后,我国钢的需求量就将达到最高值。而实际上,这条反映发达国家经历过的平均情况的曲线,由于大量合成材料的代用及产业结构状况的升级,钢的消费量还会相应下降。也就是说,从中长期角度看,我国生产2.0亿~2.5亿吨钢可以保障我国国民经济的需要。至于近年来由于质量品种不符合需要而进口钢材的问题,也正在改善之中。如果我国目前和今后还要大规模发展钢铁工业,就将给铁矿石原料供应和能源供应带来极大的困难,也

科学、技术与社会集

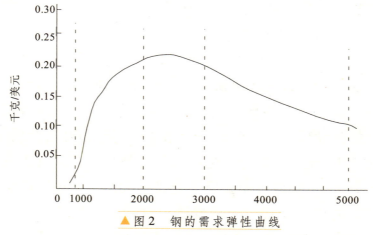

▲ 图2　钢的需求弹性曲线

横坐标代表人均国内生产总值(GDP)，
纵坐标代表单位国内生产总值(GDP)的钢材需求量

会在国际上造成相关原料和产品的激烈竞争而使原材料和价格持续上升，最终将导致我国这些产品的生产不能维持。钢铁生产只是基础原材料生产的代表性产品的一类。这些基础原材料的大规模外延式扩大再生产还会导致水土资源的大量占用和"三废"污染的加剧。这势必违背走新型工业化道路的要求。

4. 价值观与消费观念的转变

影响社会结构和经济结构的决定性因素是社会的消费结构。从长期发展的观点看，我国人民谋求什么样的消费结构将从根本上决定我国及各地区的资源和环境状况。而消费结构又受人们的价值取向的直接影

实施科学发展观,走可持续发展之路

响。要为每一个社会成员谋求一个满足生活需要和发展需要的吃、住、行、社会交往等条件,但不应追求超越实际需要的资源和财富的占有。当然,这一价值观是对全社会而言的。大大超越实际需要的消费,就是对资源和空间的浪费。价值观是指人对各种社会实践,当然包括对生活方式的评价。人为了生存和发展,需要占有、利用一定的物质、资源和空间。随着经济和科学技术水平的提高,人们不仅要求满足物质生活,而且要求享受精神生活。从生理上讲,人类对物质的需要是可以有不同标准的,也是有限的。价值观受地理环境和社会文化历史的影响。我们中华民族有勤俭、朴素的优良传统,我们可以考虑:怎样的消费水平不值得也不能去努力争取。例如,是否把像美国那样每两个人一辆小汽车作为追求的目标,是否一人要占上百平方米的住房,耐用消费品的淘汰、更新、升级是否要那么快,等等。

中华民族将主要依靠现在的国土资源永远生存与发展,然而,今天的成就很可能意味着明天的困难。我们无论如何不能短视,要为子孙后代着想。如果破坏了我国人民生存和发展的自然基础,那就意味着国家安全受到威胁。因为一旦重要的资源耗尽,生态系统压力过大,就不能保证经济的稳定发展,当然也就不能保证国家的安全。因而,我们应有一种必要的责任感和危机感。

5. 以新的指标体系来衡量社会经济的发展、干部政绩和采用节制资源浪费的核算制度

20世纪90年代，我国开始采用国际上的普通做法，以国民生产总值（GNP）、国民收入和社会总产值作为衡量社会经济发展的主要指标。然而从节约资源消耗、建立节约型的社会与经济来说，这些指标仍不能完全符合要求。它们主要表现在社会经济发展水平、规模、速度、效益等方面，是"人—地"关系的一个侧面。以这类指标指导发展，必然使政府和舆论千方百计地增加国民生产总值（GNP）以取得富裕和繁荣，但不注重资源的永续利用和保护，忽视人的全面发展。如果按照满足人类基本需要的目标，就应增加一些反映社会全面发展的指标，如就业率、期望寿命、婴儿死亡率、国民生产总值（GNP）平均增长率等。另外，要逐步采用节制资源浪费的核算制度，即在计算产值、国民生产总值（GNP）时，要同时计算资源的耗用相当于今后多少钱的损失，补偿生态破坏需要多少资金，并将此纳入产值的成本核算中。同样，以反映经济增长绩效的同时也反映资源环境代价的一组指标来代替唯一的经济指标，来衡量各地区发展的成就并评价党政领导人的工作绩效，也是实施可持续发展国策的重要措施。

大力推进科技进步,促进经济社会持续快速协调健康发展

朱之鑫

一、我国未来经济社会发展所面临的机遇和挑战
二、经济社会发展面临的重点任务和需要的科技支撑

【作者简介】 朱之鑫,国家发展和改革委员会副主任,研究生学历,高级经济师,先后在长春第一汽车制造厂、第一机械工业部、安徽省政府、国家计委工作。1999年9月任国家统计局副局长、党组副书记,2000年6月任国家统计局局长、党组书记。2003年4月任国家发展改革委员会副主任,2005年8月任国家发展改革委员会党组副书记。中国共产党第十六次代表大会代表、第十六届中央候补委员。兼任国家发展和改革委员会宏观经济研究院院长、中国人民银行货币政策委员会委员。北京大学、中国人民大学兼职教授。长期从事宏观经济管理工作,参与国家宏观经济政策的制定和实施。

大力推进科技进步,促进经济社会持续快速协调健康发展

早在20世纪80年代,小平同志就指出:"科学技术是第一生产力。"科学家们的研究成果及其在经济社会发展中的广泛应用,对实现全面建设小康社会的目标,促进社会主义现代化建设和中华民族的伟大复兴,具有不可替代的推动作用。科学分析并判断未来20年我国经济社会发展的趋势和主要特征,确定科技发展的方向和重点,对于促进科技、经济、社会发展的结合,具有十分重要的意义。

一、我国未来经济社会发展所面临的机遇和挑战

进入新世纪,我国进入了全面建设小康社会、加快推进社会主义现代化建设的新阶段。与此同时,国际局势也正在发生深刻变化,世界多极化和经济全球化的趋势在曲折中发展,科学技术进步突飞猛进,综合国力的竞争日趋激烈。

2003年,我国人均GDP迈上了1 000美元的新台阶。到2020年实现全面建设小康社会奋斗目标时,按现行汇率计算,人均GDP将达到3 000美元,开始向中上收入国家迈进。一个国家从低收入向中等收入水平过渡时,既可能是一个"黄金发展时期",也可能是一个"矛盾凸现时期"。这一时期既耽误不得,也失误不起,必须很

好地解决矛盾凸现的问题。

从机遇来看,我国居民收入水平的不断提高、居民消费结构的升级、城镇化进程的加快、科学技术进步的加速、全球化趋势的加强等将为我国未来的发展提供新的动力,创造更有利于发展的环境和条件。

一是结构升级将为经济增长提供强劲动力。经过改革开放25年来的高速增长,我国GDP已经从1978年的3 624亿元增长到2003年的117 390亿元,综合国力明显增强,为下一步发展奠定了坚实的物质技术基础。随着人民生活水平的不断提高,城乡居民的恩格尔系数将进一步降低,消费结构将更趋多样化,人们将更加追求生活内容的丰富、生活品质的提高,以及生活环境的改善。近年来,住房、汽车、电信、旅游、教育、文化娱乐、医疗保健等的消费持续升温。如,1978年的时候,全国的电话只有19万部,而2003年全国的手机和座机已经超过5.3亿部,每个月以600万部的速度在增长。2004年前5个月,每个月基本上以700万~750万部手机的速度在增长。这些都表明我国城乡居民的消费结构已经进入加快升级的新阶段。消费结构升级必然为经济发展提供强大的需求和巨大的动力,并推动产业结构的调整和升级。为适应人们食品消费的新要求,农产品的质量将大大改善,优质农产品、畜产品、水产品,特别是绿色产品和生态农业将加快发展。为适应走新型工业化道路的要求,信息产业将加快发展,传统产业的竞争力将进一步提高,有利于消费的升级、节能降耗、扩大就业和环境保护要求的产业和产品将加速增长。居民对服务需求的增加以及工农业的进一步发展,将带动服务业快速发展。与居民生活密切相关的教育、文化、体育、旅游、医疗保健、批发零售、餐饮服务业将继续发展,与工农业生产密切相关的金融保险、物流配送、职业培训、研究开发和技术推广,以及法律、信息、职业、会计、税务和工程咨询等现代服务业将加快发展。

二是城镇化步伐加快,为我国经济发展开辟更广阔的空间。城镇化进程不断加快,将成为未来我国经济社会发展的重要趋势。由于历史上的原因,我国城乡二元结构的矛盾十分突出,农村富余劳动力向非农产业和城镇转移的压力很大。城镇化水平不仅低于发达国家,甚至还低于与我国经济发展水平相当的发展中国家。到2003年年底,我国城镇居民人口第一次超过了40%,达到了40.5%。这基本相当于英国1850年的水平、美国1910年的水平和日本1950年的水平。推进城镇化是解决我国"三农"问题,统筹城乡经济社会发展的重要途径。据有关研究机构预测,到2020年,我国城镇化水平将从目前的40%提高到55%左右,新增城镇人口2亿以上。如此庞大的消费群体进入城镇,其消费行为和消费方式的改善,以及由此带来的城市设施的投资,都将创

科学、技术与社会集

造巨大的需求。

三是社会主义市场经济体制不断完善,将为发展注入持久的活力。党的十六届三中全会已对我国进一步完善社会主义市场经济体制作出了全面部署。随着各项改革措施的落实,基本经济制度将趋于完善,促进城乡和区域协调发展的机制将初步建立,宏观调控体系、行政管理体制和经济法律制度将不断完善,包括科教在内的社会领域的改革也将不断深化,促进经济社会可持续发展的机制逐步形成。改革将使社会内在的发展动力和创造力进一步得到激发,生产力将得到进一步解放。

四是世界科技进步日新月异,将为我国实现跨越式发展提供有利条件。当前,新技术革命方兴未艾,信息技术已在全球范围内得到广泛应用,并改变着传统的生产和生活方式。生物技术、新能源、新材料等领域正孕育着新的重大突破。如果农业科技能实现突破,将使影响粮食安全和农业经济结构调整的瓶颈制约得到解决。新技术、新工艺的采用,将加快传统产业改造提高的步伐。节能、节水、新能源和现代矿产资源勘探技术的推广,将提高资源利用效率,拓展资源利用空间。生态恢复、污染治理和循环经济的科技应用,将有力地促进经济增长方式的改变。只要我们抓住科技迅猛发展带来的机遇,加大研究开发的力度,更好地促进科技与经济社会发展的结合,就有可能在一些领域实现跨越式发展,并带动整个国民经济和社会的全面进步。

五是经济全球化趋势的不断深入,将为我国广泛参与国际分工与合作提供重要机遇。当前,贸易和投资的多样化及区域经济合作步伐加快,各种生产要素在全球的重组和产业转移将促进新的国际分工格局的形成。据统计,1978年的时候,整个国际间的贸易兼并或者投资只有340亿美元,而近几年已经达到了14 000亿美元。这将有利于我国进一步发挥比较优势,积极引进国际资本、先进技术和管理经验,更好地开拓国际市场,扩大资源配置的空间和市场边界。只要我们坚定不移地对外开放,积极开展国际经济技术合作,在开放中提高竞争力,就可以在国际分工中占据更有利的位置,最大限度地获得经济全球化带来的利益。

从挑战来看,随着工业化进程的加快,我国的资源消耗和污染排放将进入高增长期,资源和环境的压力越来越大;随着经济社会结构的快速变动,人口、就业、收入分配、公共安全等方面的问题将更加突出;科技进步加快和经济全球化趋势增强,也将给我国带来更大的竞争压力。

一是资源环境约束加剧。我国资源禀赋比较差,尽管一些资源储量的总量不少,但人均水平很低。长期以来,受发展阶段、发展观念、增长方式、技术水平以及体

制、机制等方面的制约和影响,我国经济增长付出了较大的资源环境代价。随着工业化进程加快和人民生活水平提高,我国资源消耗和污染物排放还将继续增加。石油、铁矿石、有色金属、木材等重要资源的国内保障能力不断下降。即使是我国最丰富的煤炭资源,人均占有量也只有世界平均水平的78%。改革开放以来,我们用能源消费翻一番支撑了前一个GDP翻两番。再实现GDP翻两番,即使仍按能源再翻一番考虑,到2020年我国一次能源消费量将达到30亿吨标准煤,其中,煤炭22亿吨。仅从满足国内煤炭需求来看,就面临着储量不足、生产能力不足、运输能力不足和环境容量不足四大压力。解决日趋紧迫的资源环境与经济快速增长之间的尖锐矛盾,是我们新世纪、新阶段必须应对的重大挑战。

二是社会矛盾增加。随着经济社会结构的快速变动,人口、收入分配、公共服务、社会公平、社会安全等方面的社会矛盾将更加突出。从人口规模来看,我国人口基数大,年新增人口规模大,这一趋势仍将长期保持,给就业带来巨大压力。从人口结构看,我国60岁以上的人口比例已经超过10%,占全球老龄人口的1/5,到2030年,大体上将占全球的36%。也就是说,到那时,每3个老龄人口中就有1个是中国的。目前,我国开始步入老龄化阶段,并具有"未富先老"的特征,这不仅会带来老年保障等社会问题,还会给经济持续增长、劳动力供给等带来新的复杂因素。由于多种因素的影响,我国城乡差距、地区差距和不同社会群体之间的收入差距还在扩大。如,1978年我国城镇居民人均可支配收入和农村居民家庭人均纯收入分别是343元和134元,2003年则分别达到8 472元和2 622元,城乡收入差距从原来的2.6∶1扩大到3.2∶1。又如,上海市城镇居民人均可支配收入2003年达到14 867元,而宁夏回族自治区只有6 530元;上海市农村居民家庭人均纯收入已经达到6 654元,而贵州省只有1 565元。由于多种因素的影响,我国城乡差距、地区差距和不同群体之间的收入差距还在扩大,社会发展滞后于经济发展。这些问题如果处理不好,容易引起社会成员心理失衡,产生利益冲突,甚至影响社会稳定。

三是国际竞争压力加大。全球化和科技进步加快的趋势既是机遇,也是压力。贸易投资的多样化要求我国进一步开放国内市场,以更加直接的方式参与全球竞争。特别是随着我国贸易规模的不断扩大,针对我国产品的各种贸易壁垒也越来越多。要在综合国力的竞争中取得有利地位,科技实力是关键。目前,主导世界科技进步的国家主要还是西方发达国家。我国科技的整体水平还不高,如果不能跟上世界科技进步的步伐,就会进一步拉大我国与国际先进水平的差距,在今后全球

的科技较量中落伍。

四是国家经济安全存有隐忧。我国的对外贸易依存度从1978年的20%提高到了2003年的60%多,经济增长对国际市场的依赖程度越来越高。虽然我国制造业规模很大,但装备制造业的关键技术和设备尚需进口,重要的技术装备和关键零部件还没有摆脱受制于人的局面,主要工业产品的开发能力也比较薄弱,特别是我国能源和重要原材料对国际市场的依赖越来越大,具有较大的风险。一旦出现市场变化或运输安全问题,都将对我国经济安全造成严重影响,处理不好也会危及国家安全。

面对机遇和挑战并存的复杂局面,如果处理得好,就能够利用有利的时机和条件,保持较长时期的快速发展;如果处理不好,就有可能丧失大好机遇,使发展徘徊不前。只要我们牢固树立和认真落实科学发展观,大力推进经济结构战略性调整,切实转变经济增长方式,加快科技进步和创新,走新型工业化的道路,我们就一定能够最大限度地利用各种有利条件和机遇,趋利避害,实现全面建设小康社会的目标。

二、经济社会发展面临的重点任务和需要的科技支撑

积极应对经济社会发展面临的各种挑战,顺利实现全面建设小康社会的各项目标,需要在经济、政治、体制、资源、市场等多方面创造条件,更需要科学技术提供全方位、多层次的支撑。

1. 转变经济增长方式

改革开放以来,我国经济增长方式转变取得了积极成效,但还没有完全改变"高投入、高消耗、高排放、不协调、难循环、低效率"的粗放模式。这不仅会导致经济增长的大起大落,影响国民经济持续快速协调健康发展和全面建设小康社会目标的实现,还会进一步加剧我国资源和环境约束。转变经济增长方式,是贯彻科学发展观,实现国家和民族振兴的重要任务。

转变经济增长方式的主要任务是建立低投入、高产出、低消耗、少排放、能循环的国民经济和节能型社会。实现经济增长方式的转变,虽然要在体制、机制和政策上进行创新,但关键是要进一步发挥科技创新的作用,为增长方式转变提供强有力的科技支撑。为此,必须加强基础学科和基础理论的研究,加强共性技术、关键技术的自主开发和创新,加强具有战略意义的高技术研

科学、技术与社会集

究,逐步形成有效的技术传导机制。特别要注重突破节约资源和环境保护方面的技术瓶颈,开发针对环境污染的综合整治技术,着重解决高消耗和高排放问题。

2. 调整产业结构

从战略上调整和优化经济结构,是"十五"计划确定的主线,是贯彻落实科学发展观、促进经济增长必须长期坚持的方针。经济结构调整的主要方向是:巩固和加强农业的基础地位,改组改造传统产业,发展高技术产业,振兴装备制造业,全面发展服务业。调整经济结构,关键是提高产业素质和产业竞争力。这必须依靠新的技术途径和生产方式,建立相应的科学技术支撑体系。

21世纪头20年,农业发展的重点要转向同时追求高产、优质、高效、生态、安全等五方面目标。主要任务是:不断提高农业综合生产能力,改善农产品品质,满足日益增长的农产品需求;拓宽农民增收渠道,不断提高农民收入;转变农业增长方式,不断改善农村生态环境。为了实现上述目标,要在农产品良种研发和繁育、农业资源高效利用、农业安全生产与增效、农业生态环境保护等领域加强研究开发,重点是农作物良种、畜禽产品良种、林木产品良种的繁育技术,以及农业节水技术(高效精细灌溉技术)、耕地保护与利用技术、设施农业和农业机械技术、动植物重大病虫害控制技术、动营养和饲料技术、农产品保鲜和深加工技术、农林资源保护和林业生态技术、畜牧业生产环境和生态保护技术的研究与开发。

传统产业仍是我国经济发展的主体，必须依靠科技创新提高其竞争力。要通过集成一批重大共性技术，着重开发和推广应用新工艺和新流程，提高传统产业的资源使用效率。大力开发稀土功能材料、高温结构材料、陶瓷材料、超导材料、激光材料、生物材料等高性能新型材料，为产业升级和装备制造业的发展提供重要的原材料支撑。以重大工程为依托，选择具有关联度高、战略性强的技术作为重点，在重要基础件、仪器仪表、数控技术等方面取得突破，加快振兴装备制造业。

未来我国高技术产业要适应新阶段经济社会发展的需要，抢占战略制高点。要优先发展信息产业，重点突破计算机和软件产业、集成电路和新型元器件产业、通信和网络产业的核心技术。要大力发展生物产业和航天产业，特别是重点发展生物医药产业和农业生物产业技术，进一步发展航天技术和卫星技术，推进新材料产业和先进能源产业技术的发展。

加快发展服务业是适应消费结构升级的必然要求，是缓解我国资源约束矛盾的重要途径，也是我国产业结构调整的战略性任务。要充分发挥信息技术的支撑作用，加快现代金融、现代物流、电子商务等服务领域的信

息化技术研发和推广,重点研发大规模资源共享技术、大规模信息处理技术、海量信息存储技术、高速通信技术、系统集成技术、安全保障技术和智能化技术等现代服务业的共性技术。通过技术进步降低成本、提高效率,推动现代服务业的发展,为生产和生活提供专业、高效、便捷的服务。

3. 发展循环经济

循环经济是美国经济学家伯尔丁在20世纪60年代提出来的,它的重点实际上就是减量化、资源化、重组化和无害化。目前我国的经济增长还属于从资源到产品再到废弃物的传统线性模式,没有形成从资源到产品到废弃物到再生资源的循环模式。这种传统增长模式,创造的财富越多,消耗的资源就越多,产生的废弃物就越多,对资源环境的负面影响也就越大。发展循环经济是基于我国国情的必然选择,是实现可持续发展的重要途径。

发展循环经济需要建立相应的技术体系。首先要变革理念,从可循环的角度开发各种先进设计技术,从源头上奠定循环经济的基础。其次是研究开发发展循环经济的共性清洁生产技术,如制造业和原材料工业的绿色生产技术、节能工艺技术和清洁燃烧技术等能源可持续利用技术,节能、节水、节材的绿色建筑技术等。三是要研究开发废旧物和废弃物资源化的支撑技术,如开发废旧产品再利用、再制造和再循环技术,研究工业垃圾、生活垃圾减量化和资源化的关键技术等。四是研究开发产业链接技术,特别是加强主要资源产品生产纵向产业链延伸技术、不同产业横向产业链技术、重要原材料和废弃物耦合利用设计技术的开发,充分实现物质闭路循环利用,实现废弃物最小排放。

4. 促进人口和健康事业发展

改革开放以来,我国人口过快增长的势头得到有效控制,人口素质不断提高,人们的健康水平也有了明显改善。由于我国人口规模大,发展不平衡,人口和健康问题仍相当突出。主要表现在:人口规模大,人口结构不够合理,人口素质不高,公共卫生体系保障水平低,一些重大传染性疾病和非传染性疾病正在危害着人民的身体健康。特别值得关注的是,人口结构迅速老龄化、新发传染病(如艾滋病)以及一些由于社会快速变化所导致的精神性疾病等对我国人口健康带来挑战。

促进人口和健康事业的发展,是实现人的全面发展的重要内容。其主要任务是:继续控制人口增长,稳定低生育水平,全面提高出生人口素质;建立健全突发公共卫生事件应急机制、疾病预防控制体系和卫生执法监督体系;完善农村卫生体系、城市基本医疗服务体系、环

境卫生体系和经费保障体系。

为了应对人口和健康面临的挑战,促进人口和健康事业的发展,需要在一些重点领域建立强有力的科技支撑,加强和改进医疗卫生技术。主要包括:以重大疾病为龙头的综合防治的新理念、新方法、新手段;基因技术、干细胞技术、组织工程技术、器官移植技术、介入治疗技术、无创和微创外科技术、现代影像技术、核医学和物理医学诊断技术在重大疾病诊治中的应用;新生病原体的快速识别、鉴定技术和方法,污染物的现代分析技术,以及艾滋病、非典型肺炎等新发传染病的防治技术;中医药基础理论、临床疗效评价和制药工程技术;优生优育和生殖健康新技术;老年病的预防和治疗、康复手段和措施,以及老年保健技术;新药和新医疗设备的研发和制造技术。

5. 重要资源的保障和可持续利用

我国资源禀赋条件差,人均水资源拥有量只有世界平均水平的1/4,人均水资源量从原来的人均2 400立方米降到了2003年的2 167立方米;人均耕地面积不到世界平均水平的40%,2003年只有1.43亩,而20世纪50年代人均拥有2.8亩;人均森林面积仅为世界平均水平的1/5;45种主要矿产人均占有量不足世界人均水平的一半,石油、天然气、铜、铝等重要矿产资源的人均储量分别相当于世界平均水平的8.3%、4.1%、25.5%、9.7%。同时,资源的粗放开采和利用,还加剧了资源短缺,导致日趋严重的环境和生态问题。

为了提升经济社会发展所需要的重要资源的保障能力,促进资源的可持续利用,需要在以下几个方面加强科技支撑能力:一是重要矿产资源的勘探理论和技术创新,以增加储量和保有量。二是能源环保技术,特别是煤炭液化、汽化技术,大型、高效、清洁燃煤发电技术,大机组脱硫技术。三是改善能源结构的技术,如大型燃气—蒸汽联合循环电站设计技术、核电技术、风电技术、新能源和可再生能源技术。四是能提高资源利用效率的技术,特别是节能技术和节水技术,重要矿产资源以及伴生矿资源的综合回收技术等。

以上只是简要涉及了下一阶段经济社会发展几个主要方面对科技支撑提出的粗略要求,还有待进一步深化和细化。经济社会发展与科技的有机融合,既要体现经济社会发展对科技的推动作用,又要体现科技进步对经济社会发展的支撑作用。人类社会进步的历史充分表明,经济社会发展与科学技术的进步息息相关,并结合得越来越紧密。随着我国经济发展水平的提高,整个社会对科技的投入会进一步增加,科学家的科研条件将得到进一步改善,科学技术作为第一生产力,对经济社会发展的贡献也会越来越突出。

世界科技发展的新趋势及其影响

路甬祥

一、当今世界科技发展的现状与趋势
二、科技对经济社会发展的影响
三、世界主要国家的科技发展政策
四、我国科技发展的现状与对策

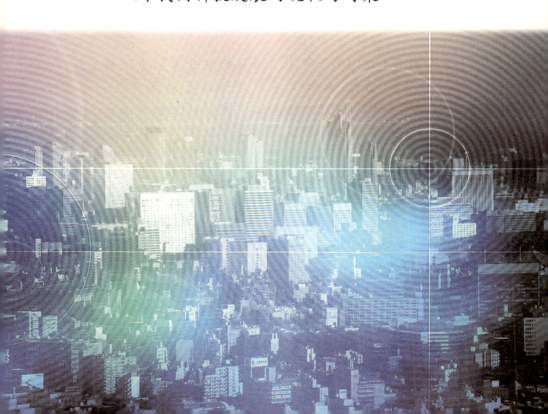

【作者简介】路甬祥,流体传动与控制专家。中国科学院原院长,浙江大学教授。籍贯浙江慈溪,1942年4月28日生于浙江宁波。1964年毕业于浙江大学。1981年获德国亚琛大学工程博士学位。1990年当选为第三世界科学院院士。1991年当选为中国科学院学部委员(院士)。

在前人的基础上创造性地提出"系统流量检测力反馈"、"系统压力直接检测和反馈"等新原理,并应用于先导流量和压力控制器件,将此技术推进到一个新阶段,使大流量和高压领域内的稳态和动态控制精度获得量级性提高。运用这些原理和机-电-液一体插装技术相结合,推广应用于阀控、泵控和液压马达等控制,研究开发了一系列新型电液控制器件及工程系统。该技术被认为是20世纪80年代以来电液控制技术重大进展之一。主持开发研究的相应的CAD、CAT支撑系统,被广泛应用于中国工业部门。

胡锦涛总书记在2004年召开的两院院士大会上指出:"科学技术是经济社会发展的一个重要基础资源,是引领未来发展的主导力量。"全面建设小康社会,实现经济社会全面、协调、可持续发展,需要我们正确把握当今世界科技发展趋势,深刻认识科学技术对经济社会发展的影响,切实推进我国科技进步和创新,全面落实科学发展观,推动我国经济社会的全面、协调、可持续发展。

一、当今世界科技发展的现状与趋势

进入新世纪之后,新的科学发现、新的技术突破以及重大集成创新不断涌现,学科交叉融合进一步发展,科学与技术不断更新,科学传播、技术转移和规模产业化速度越来越快。科学技术在经济社会发展和人类文明进程中发挥了更加明显的基础性和带动性作用。

信息科技依然发挥主导作用。计算机科技继续向深亚微米、超大规模集成、网格化、智能化方向发展;量子计算、生物计算等将可能引发计算模式的变革,从而研制出更加快捷、更加安全、功能更加多样的计算工具;以通信、计算机、软件、宽带网络及3S(遥感、全球信息系统、全球定位系统)等技术为代表的信息技术,以及计算机、网络通信、信息家电和信息处理技术相互融合,继续改变着人类的生活方式与生产方式,并将继续推进新军

科学、技术与社会集

事变革;信息技术与其他技术交叉融合,促进传统产业升级换代,催生出新的产业门类,改变了人类社会的产业结构。

生命科学和生物技术正酝酿一系列重大突破。基因组学、蛋白质组学、脑与认知科学等已成为生命科学的热点与前沿,生命科学、物质科学、信息科学、认知科学与复杂性科学的融合孕育着重大的科学突破;以人类和重要作物基因组学为基础的生物技术,在解决人类食品、疾病和健康等问题方面不断取得重大进展;以生物为材料的工业生物技术异军突起,估计2020年后,工业生物制造有可能成为重要的核心产业,并将带动绿色生产和循环经济的发展;生物技术还将带动环境、能源等领域发生重大变革;通过对生物多样性了解的深入,以及生态环境修复技术的发展,将使人类有可能扭转长期以来单纯向自然索取的历史,逐渐恢复较为健康稳定的地球生态系统。

物质科学焕发新的生机。向微观领域探索的粒子物理学,将继续致力于四种基本相互作用统一理论的探索,并可能取得新的进展;致力于宏观领域探索的宇宙学,将继续深入探讨宇宙起源和演化等重大理论问题,并有望出现新的突破,特别是通过揭示占宇宙96%物质成分的暗物质和20%暗能量的奥秘,有可能导致可以和量子论、相对论比肩的重大理论突破,形成人类新的时空观、物质观和能量观;新的量子现象和规律不断发现,并将得到更为广泛的应用,新一代量子器件将推动信息科技和生物技术进入新的发展阶段;在化学领域,材料分子尺度的设计和组装已成为可能,将对材料制备产生革命性的影响。

新材料继续成为人类文明的基石。21世纪材料科学技术的发展具有功能化、复合化、智能化和环境友好等特征,最活跃的将是信息功能材料、纳米材料、高性能陶瓷、生物材料、复合材料等。高比强度、高比刚度、耐高温高压、耐腐蚀等极端条件的超级结构材料将向着强功能和结构与功能一体化的方向发展,智能材料等将进一步受到重视;纳米材料和碳纳米管将成为21世纪的超级材料,作为纤维,其强度有可能比钢大100倍,而重量仅为同体积钢的1/6;作为导线,其电导率远远超过铜,纳米技术的规模应用可能在15年以后逐渐实现;智能材料和超导材料因为具有特殊的功能,将格外受到重视,预计到2020年前后,美国和日本以及欧洲将利用超导电缆输送电力,减少能耗,超导材料还将使21世纪的航运、铁路以及其他基础设施面貌一新;用于国防的隐身材料的研究已从初期的涂覆性涂层向复合结构、掺混军工材料发展,用纳米高分子复合材料制作隐身材料已成为世界国防科技关注的热点。

资源环境科学技术发展迅速。地球系统科学、环境

污染的分子科学原理、环境资源定量方法、循环经济理论等已成为新的热点，生物多样性和生态系统持续管理、环境健康和环境变化等日益受到全球的普遍关注，环境技术已成为许多国家优先发展的重点高技术领域，正在不断为实现经济与社会、人与自然的协调发展提供有力的科学基础和技术支撑；资源科学将从对地表浅层资源的探寻，走向地表深层，从陆地走向海洋，从单纯注重矿产资源的探寻逐步转移到以可持续发展为目标的资源合理利用与环境保护上。

能源科学技术越来越受到重视。化石燃料的高效与清洁利用技术将得到广泛应用，节能技术及能源高效利用技术愈来愈受到广泛重视，将使单位GDP的能耗继续出现显著下降，并减少环境污染；太阳能、风能和生物质能等可再生能源2020年在一些发达国家将占到能源总量的20%～30%左右；氢能源体系的开发引起重视，污染少、效率高、发展潜力巨大的燃料电池关键技术已基本解决，正在走向产业化，并向电站规模发展，向燃料电池与蒸汽燃气轮机技术集成方向发展，形成联合循环发电；核能的利用将进一步发展，不久的将来有可能研制出高效、安全、洁净的先进核能系统；核聚变能研究与探索显现希望的曙光，一旦受控核聚变技术取得突破并实现商业化应用，将开辟人类能源利用的新途径。

空间和海洋科技为人类开辟新的疆域。在经历了半个多世纪的发展后,航天技术将进一步加快拓展应用领域和市场;开发月球资源和发展太空生产能力将在21世纪初成为现实;外层空间微重力和超真空环境的利用将使人类在21世纪初生产出超纯材料、新的药品和优质抗逆农作物品种等;空间通信、遥感和全球导航定位技术已经或正在形成新兴产业,多层次、多用途、实时性、天地衔接的天基信息系统将为经济社会发展和国家安全提供强有力的保障。海洋科技事关人类的可持续发展,事关国家安全,事关世界政治和经济格局,因此越来越引起各国的重视。海洋环境科学、海洋生态科学、海洋及海底构造动力学等学科的研究日趋活跃;海洋生物多样性资源可持续开发利用的生物技术以及相关海洋信息技术和海洋渔牧技术,成为世界各国竞相发展的海洋高技术领域;深海生物基因开发技术、天然气水合物资源勘探技术,将为人类开发出新型食物、新型药物和新的能源。

数学在自然科学、工程技术和社会科学中的作用日益重大。数学在不断探索数与形内在逻辑和简洁优美表达的同时,成为自然科学与工程技术的基础语言和犀利工具,并与系统科学、计算机科学技术一起,致力于发展生物、地球、环境、宇宙、认知等复杂系统研究的分析方法和理论创新;数学与社会科学的结合使得一些传统的定性学科走向定量学科,成为分析经济社会发展和金

科学、技术与社会集

融动态以及现代管理的有效手段,并为宏观决策提供可靠的依据;基于数学分析的复杂性科学和系统科学将为解决多系统、多层次的复杂现象提供强有力的科学支撑。

科技进步日新月异,世界科学技术正在酝酿着新的突破,一场新的科技革命和产业革命正在孕育之中,在未来30~50年里世界科学技术会继续出现重大原始性创新突破,很有可能在信息科学、生命科学、物质科学,以及脑与认知科学、地球与环境科学、数学与系统科学乃至社会科学之间的交叉领域形成新的科学前沿,发生新的突破。综观当今世界科学技术的发展趋势,呈现出以下的特征:

科技创新、转化和产业化的速度不断加快,原始科学创新、关键技术创新和系统集成的作用日益突出。"二战"之后,世界科技日新月异,科研成果转化为现实生产力的周期越来越短,科学与技术的界限趋于模糊,技术更新速度越来越快。在19世纪,电从发明到应用相隔近300年,电磁波从理论的提出到实现无线通信相隔仅30年;到了20世纪,集成电路仅用了7年的时间就得到应用,而激光从发现到应用仅仅用了1年多。今天,人类基因组、超导、纳米材料等本属于基础研究的成果,有的早在研究阶段就申请了专利,很多科学研究的成果迅速转化为产品,进入人们的生活;原始科学创新、关键技术创新和系统集成的作用日益突出,竞争已前移到基础科学的原始创新阶段,原始创新能力、关键技术创新和系统集成能力已经成为国家间科技竞争的核心,成为决定国际产业分工地位和全球经济格局的基础条件。

科技发展呈现出群体突破的态势。第一次技术革命的主导技术是蒸汽机动力技术,第二次是电力技术,第三次是电子科技。而当代的科学发展则表现出群体突破的态势,起核心作用的已不是一两门科学技术,而是由信息科技、生命科学和生物技术、纳米科技、新材料与先进制造科技、航空航天科技、新能源与环保科技等构成的高科技群体,这标志着科学技术进入了一个前所未有的创新群体集聚时代。尽管当代科技的构成不同、功能各异,但是它们相互联系,彼此渗透交叉,整个科技群体构成了协同发展的复杂体系。这种发展趋势正是因为客观世界本身就是统一的复杂体系,科技在向微观和宏观层面深入的同时,也越来越关注复杂系统的研究。而对社会系统、经济系统、脑和生命系统、生态系统、网络系统的研究,将对经济、社会和人与自然的协调发展和科技的进步产生重大影响。

学科交叉融合加快,新兴学科不断涌现。17世纪科学革命之后的几个世纪里,科学技术领域不断细分。但最近几十年,一方面科学技术向微观和宏观两极发展,另一方面科学技术揭示出自然组织和社会组织也存在

科学、技术与社会集

着深层次的相关性。20世纪以来,特别是"二战"以后,科技发展的跨学科性日益明显,诸如DNA结构的破解和计算机的发明与发展等很多重大发现或者发明,都来自于不同学科研究者的共同努力;现在的一些举世瞩目的重大科学问题,比如生命的起源、宇宙的起源、智力的起源及其活动规律,都是跨学科问题;科学和技术的融合成为当今科技发展的重要特征,许多学科之间的边界将变得更加模糊,未来重大创新更多地出现在学科交叉领域,学科之间、科学与技术之间的相互融合、相互作用和相互转化更加迅速,逐步形成统一的科学技术体系;学科的交叉融合,促进了新兴学科的发展,量子力学的突破使量子化学、量子生物学、量子信息学等新兴学科应运而生,深化了人类对于化学、生物学、信息科学基本原理的认识;数学和统计力学的发展,结合大规模计算和仿真技术的应用,深化了人类对于复杂系统的认识,促进了地球与环境科学、经济学、社会学等学科由定性走向定量,催生了系统生命科学和跨圈层地球科学的诞生。

　　科技与经济、社会、教育、文化的关系日益紧密。现在的一些经济社会发展中的重大科技问题,已不单纯是自然科学与技术问题,比如温室效应、臭氧层破坏、资源环境、艾滋病等流行性疾病的预防、控制与治疗,如何实现人与自然和谐发展,如何实现经济社会全面、协调、可持续发展等,这些问题不仅涉及自然科学的认知和技术支撑,同时涉及经济、政治、法律、社会发展、文化和教育等。这些问题的解决超出了自然科学技术能力的范围,必须综合运用自然科学、技术手段和人文社会科学研究协同解决;在发展经济过程中,我们不仅要考虑人类对自然的开发能力,而且更要重视经济社会协调发展,重视人与自然的和谐相处,尽可能以知识投入来代替物质投入,以尽可能达到经济、社会与生态环境的和谐统一;科学技术应比以往任何时候都更加关注经济社会的全面、协调、可持续发展,关注人与自然的和谐发展,科学技术不仅要作为第一生产力推动着经济发展,而且要作为先进文化的重要基石,在精神生活层面上推动人的全面发展和人类文明的进步,科学精神和人文精神的融合,将不断发展和更新人类的世界观、人生观、价值观和思维与生活方式。

国际科技交流与合作日益广泛。这首先是由科学技术的本质特点决定的,科学没有国界,技术的发展也必须着眼于全球竞争与合作,在经济全球化时代,任何一个国家都不能长期独享某项科学技术成果,也不可能独自封闭发展并保持科技先进水平;另一方面,随着经济全球化的进程加快,人们面临的许多问题也越来越显示出明显的全球化特征,如全球环境问题、食品安全、生物多样性保护和传染病的防治,以及反恐、维护世界和

科学、技术与社会集

平与稳定、保障国家安全等问题，都需要全球的交流与合作；经济全球化的发展促进了科技创新活动的国际化，一些跨国公司，为了获取最大利益，充分利用一些发展中国家的科技资源和人力资源，在转移技术、扩散加工的同时，也在其他国家建立一些研发机构；现代先进的信息和通信手段的发展与广泛应用，推进了国际间的科技交流合作，一个国家的科技成果往往在全球得到迅速而广泛的传播。国际科技交流与合作有利于科技的发展，有利于发展中国家及时吸收世界上最先进的科技知识和科技人才的成长；但是，科技创新活动的国际化并不意味着可以忽视本土自主创新能力建设，因为一个国家和民族只有具备强大的创新能力，才能在全球科技竞争与合作中居于主动地位，才能通过国际科技交流与合作不断提升自主创新能力。

二、科技对经济社会发展的影响

当代科学技术作为改变世界的主导力量，在经济社会的发展中发挥了巨大的作用。科技成果在经济社会发展中的广泛应用，导致社会生产力飞跃发展，改变了人类的生产方式和生活方式，社会生产关系也发生重大变化，全球格局重新调整，给世界各国的经济发展和人类社会的文明进步带来了新的机遇和挑战。

科学技术推动社会生产力发生巨变。科学技术极大拓宽生产领域与对象,由陆地扩展到海洋和太空,随着科技产业化的发展,诸如细胞、DNA、纳米材料、机器人等也从实验室对象转移为生产应用对象;科学技术开辟了新的产业领域,并使传统产业部门的劳动对象、劳动工具和劳动者得到更新,科技不断用新材料、新能源、新技术变革生产的物质技术基础,以信息化、智能化的生产工具、机器设备和操作系统装备社会生产力,推动着社会生产向着自动化、信息化的方向发展;智能机器的研制和使用,代替人在各种恶劣环境和各种特殊条件下进行工作;科学技术提高了劳动者的素质,使其知识、技能大幅度提高,从而提高了人的创造能力和劳动生产率;科学技术的高速发展,加快了知识的形成和传播速度,加快了科学技术在生产过程中的应用,提高了管理、运营和交易的效率,从而在总体上导致生产力的高速发展。

科学技术推动生产方式发生变革。科学技术推动社会生产力水平的大幅度提高,进而产生出与之相适应的生产方式。机械化、自动化生产方式使人从笨重的体力生产中解放出来,信息化的生产方式使封闭的生产转变为开放的生产,从而使生产经营者更加了解市场的反应,信息化、网络化推动着全球生产格局的形成,从而实现了生产要素的最佳组合;数字化、柔性化生产创造了

科学、技术与社会集

多样、快捷和灵活的柔性生产方式,提高了市场响应能力和生产效益;科技创造出清洁、文明、无污染的生产过程,并通过提高脑力劳动的比重,创造了知识化、人性化的生产方式,把人们从繁重的体力劳动和非创造性劳动中解放出来;科技通过创造绿色材料、绿色工艺和绿色产品,创造出绿色的生产方式,推动着循环经济的形成。

科学技术推动产业结构调整加快。20世纪50年代以来,发达国家纷纷通过发展高新技术产业和现代服务业,通过向发展中国家转移传统产业,开始了全球范围的产业结构调整;一些发达国家利用科技优势和经济优势,率先进入知识经济时代,占据了世界经济的"头脑"部位,而一些发展中国家则由于历史和发展水平等原因,只能占据世界经济的"躯干"部位,有的甚至处于边缘化的地位;世界产业结构的调整始终是一个动态的过程,科技创新能力在决定一个国家在全球产业分工中起到了决定性的作用,一些发展中国家和地区,通过提高自主创新能力,由全球产业分工的下游进入了中上游的位置,而一些曾经比较发达的国家,则由于自主创新能力衰退等因素,重新沦落到世界产业分工的中下游。

科学技术推动全球市场经济的发展。科技密集型产业和高技术产业扩大了对知识、信息、技术和人才的需求,增加了市场交换的内涵和规模,导致知识市场、信息市场、技术市场和人才市场发育与发展;科学技术为人类创造出更加便捷的交通和通信工具，极大消除了地域的阻隔，加快了资本、人才、商品和信息流通速度；信息技术改变了传统的交易和结算方式，使得市场交换走向电子化、信息化、符号化和网络化；科学技术推动市场机制不断完善，信息技术提高了市场的透明度，为市场的监管和调控提供了新的手段，同时也使市场行为主体能够最大限度地避免盲目性；现代交通运输和信息手段使各种生产要素在全球范围内进行优化配置，推动了全球市场经济的发展。

科学技术改变了人类的生活方式。科学技术不仅为人类创造了丰富的物质生活，而且作为先进文化的核心和基础，也为人类创造出丰富的精神财富，改变着人们的生活方式。信息技术的发展使人们可以更便捷地学习知识、欣赏艺术和体育，丰富了人与人之间的交流；现代科学技术可以自动监视家庭安全，自动操作家庭劳作，向家人提供各种资料和情报，使家庭生活的面貌彻底改观；科学技术使人们的生活内容发生变化，职业劳动时间减少，学习和休闲时间增加，精神生活比重不断上升，使人的个性和创造力得到充分发展；便捷的交通和通信工具，使人们可以很快到达世界各个地方，促进了旅游及不同民族之间的交流与相互了解；科学技术使家庭生活与社会生活之间形成新的关系，在现代信息技术的帮助下，人们真正实现"秀才不出门，能知天下事"，

科学、技术与社会集

可以足不出户,从事各种职业,参与社会活动。

科学技术促进了教育和文化的发展。工业化时代需要的是具有专业特长的专门人才,在当代科学技术影响下,人们所面对的发展课题往往突破了传统的专业界限,这就要求人们的知识结构由单一的专业型转变为基础与综合;随着生产过程对知识要求的增加和知识更新周期的缩短,以及人们精神生活的丰富,传统的学校教育转变为终身学习与教育;当代科学技术为教育提供了现代化的技术手段,出现了诸如远程教育、网络教育等新的教育方式,为缩小文化教育发达地区与落后地区之间、城市和乡村之间的教育差距创造了条件;科学技术为文化多样性的发展创造了条件,并通过便捷的通信交通设施,促进了不同区域、不同民族和不同国家之间的文化交流与融合;信息、生物、纳米等科学技术发展引发一些新的伦理道德问题,使传统的文化和道德理念遇到前所未有的挑战,也为适应科技时代的先进文化发展创造了条件。

科学技术推动社会组织结构和管理模式的变革。科学技术改变着社会劳动力的构成,拥有现代知识、信息、技术专长的劳动者数量不断增加,日益成为先进生产力的创造者和开拓者,在一些工业发达国家中,由科技企业家、经营管理者、工程师和技术工人构成的中产阶级已经占到人口总数的50%~60%。科学技术推动着传统的金字塔型等级管理结构转变为网络型组织管理结构,科技进步加快了现代社会生产和生活的节奏,市场变得更加瞬息万变,人们的兴趣、需求和社会生活不断朝着多样化和多元化的方向发展,这就要求管理主体能及时、准确地做出反应,迅速灵活地调整战略和策略。传统的等级管理结构从获得信息到做出决策再到决策的实施需要较长的周期,已经不适应当代社会的发展要求,当代信息技术打破了信息垄断,管理上层和下层获得信息的范围、数量及时间上的差别正在不断缩小,于是形成了一种分层决策、分层管理的管理结构,成为一种快速灵活的决策系统和高效率、高质量的管理系统。科学技术推进了社会的民主、法治进程,信息技术极大地促进了文化、知识、信息的传播,普遍地提高了人们的文化知识水平和组织管理的能力,为人们获取信息和表达意愿提供了条件,不断提高人们的民主、法治意识、观念和参与公共治理的积极性。

科学技术改变国家安全格局。伊拉克战争展示的新军事变革,标志着科学技术使现代战争从机械化时代转向数字化、信息化时代,其基础是先进的科学技术,核心是制信息权和制空权。精准打击、光电、隐形、超限武器和新概念武器等,成为军事科技竞争的焦点;军民技术之间的界限已被打破,国防建设成为经济社会发展的重要组成部分;单边主义与多极化格局之间的斗争在曲

科学、技术与社会集

折中发展,在和平与发展仍是世界主流的今天,单纯的军事竞争已让位于政治、经济、科技与军事等综合国力的竞争,国与国之间的对抗已由军事威胁、经济制裁转向科技遏制;科技进步使得国家安全观有了新的拓展,国家安全已不仅只是国防安全,还包括了信息安全、经济安全、金融安全、资源安全、生态安全和国民健康安全等新的内涵。科学技术是一柄双刃剑,在为人类带来幸福和发展机遇的同时,也必然会带来新的挑战。

三、世界主要国家的科技发展政策

面对新的世纪、新的形势,世界各国尽管历史文化、现实国情和发展水平存在着种种差异,但各国政府都在认真思考和积极部署新的科技发展战略,调整科技政策,高度关注科学技术发展趋势,重视对科技的投入。我们面对的是科技创新的世纪,科技实力和创新能力将决定国家的兴衰强弱、人民的富裕幸福,决定我国在全球经济中的地位。一个国家如果在科学技术上无所作为,将不可避免地在经济、社会、文化发展和国家安全保障等方面受制于人。

美国力图保持其科学技术的全面领先地位。美国是世界的科技超级大国,在基础科学和诸多技术领域领先世界。在科学技术成为国家竞争力核心的今天,为了确保综合竞争优势,近几十年,历届美国政府都极为重视科技发展,制定新的科技政策,加大对科技的投入,出台科技计划,重点扶持航空航天科技、信息科技、生命科学和生物技术、纳米科技、能源科技和环境科技的发展;提出了诸如国际空间站计划,21世纪信息技术计划和网络与信息技术研究发展计划,人类基因组计划和植物基因组计划,国家纳米计划,国家能源计划、气候变化研究计划和国家气候变化技术计划等,并正在出台相应的国家计划,促进纳米科技、生物科技、信息科技与认知科学之间的融合;"9·11"恐怖事件之后,美国借助反恐,加大了对有关国家安全和国防科技的投入,2004年美国联邦政府的研发投入已达1 227亿美元;美国政府还相继出台了一系列支持民用工业技术创新的重大计划,像新一代汽车伙伴计划,未来产业计划,国家信息基础设施计划,先进技术计划,制造扩展伙伴计划,高性能计算与通信计划,小企业创新与研究计划等,用于鼓励、促进美国企业的技术创新,保持产业优势。

日本将科技创新立为国策。1995年,日本政府明确提出"科学技术创新立国"战略,力图告别"模仿与改良时代",创造性地开发领先于世界的高技术,将科技政策的重点放到"开发具有独创性的新科技"上来,力争由一个技术追赶型国家转变为科技领先的国家。进入21世纪之后,日本在科技领域出台了一系列重大举措,加大

科学、技术与社会集

科技投入,加快科技体制改革步伐。2001年,日本政府设立综合科学技术会议,作为日本首相的科技咨询机构和国家科技政策的最高决策机构;同年,日本为了提高科技创新能力和创新效益,将89个国立科研机构合并重组成为59个拥有较大自主权的独立行政法人机构,实行民营化管理;同年,日本还启动了科学技术基本计划,确定政府未来五年的科技投入将增至约2400亿美元,以期使日本成为能创造知识、灵活运用知识并为世界作出贡献的国家,成为有国际竞争能力、可持续发展的国家;提出了21世纪初重点发展的科技领域,即生命科学、信息通信、环境科学、纳米材料、能源、制造技术、社会基础设施,以及以宇宙和海洋为主的前沿研究领域;同时,日本政府还强化了科技领域的竞争机制,加大对科技基础设施的投入,并出台相应的政策,培养和吸引国内外优秀人才进入科技领域。

欧盟力图建成世界上最具竞争力的知识经济组织。在统一货币和市场之后,欧盟各成员国一致认为,为了协调和促进科技合作,最大限度地提高各成员国科研产出率,发挥其潜力,欧盟应有统一的科学研究与技术开发政策;2002年11月,欧盟正式启动第六框架研究计划,整合欧洲的科研力量,确定信息科技、纳米科技、航空航天科技、食品安全科技、资源环境科技为优先领域,支持跨地区、跨领域的研发活动,特别是联合企业的研发活动,建设欧洲研究区,加强科技基础设施建设,鼓励人力资源建设和人才流动;2003年3月,欧盟委员会决定,加大对科技的投入,至2010年,欧盟的年科研经费总额将从目前的占GDP的1.7%提高到3%。

俄罗斯力图重振科技大国雄风。进入新世纪之后,俄罗斯政府认识到,基础研究、最重要的应用研究与开发是国家经济增长的基础,是决定国家国际地位的重要因素。2002年,俄罗斯政府制定"俄罗斯联邦至2010年及未来的科技发展基本政策",将发展基础研究、最重要的应用研究与开发列为国家科技政策支持的首位,规定基础研究优先领域既要考虑国家利益,又要考虑世界科学、工艺和技术的发展趋势,并要求根据科学、工艺和技术的优先领域开展最重要的应用研究和开发,解决国家面临的综合科技与工艺问题,为此,政府加大了科技投入,加强了国家调控,积极推进国家创新体系建设,提高科技成果的转化率,发展科技创新队伍,并通过专项行动计划,支持科学与教育的结合,大力支持先进制造技术、信息科技、航空航天科技等领域的发展。

韩国力图成为亚太地区的科学研究中心。经历了经济崛起和亚洲金融危机的韩国,深切认识到科技在国家发展中的核心作用。1997年12月,韩国政府制定了"科学技术革新五年计划",提出2002年政府对研发的投入达到政府预算的5%以上,从根本上改变韩国科技现

状,提升韩国的科技实力;1998年,韩国政府发布"2025年科学技术长期发展计划",力争2005年科技竞争力达到世界第12位,2015年达到世界第10位,2025年达到世界第7位,成为亚太地区的科学研究中心,并在部分科技领域位居世界主导地位。为了实现这些目标,韩国政府确立了科技政策调整思路,科技开发战略由过去的跟踪模仿向创造性的一流科学技术转变,国家研发管理体制由过去部门分散型向综合协调型转变,科研开发由强调投入和拓展研究领域向提高研究质量和强化科研成果产业化转变,国家研究开发体制通过引入竞争机制,由政府资助研究机构为主向产学研均衡发展转变。进入新世纪之后,韩国政府的科技投入每年都以超过10%的速度增加,并确定了信息技术、生物技术、纳米技术和环境技术为重点发展的领域。

印度试图通过发展科学技术实现其大国梦想。 印度独立之后,一直大力发展高等教育,至20世纪90年代,印度科技人员的数量已仅次于美国和俄罗斯,居世界第三;进入新世纪之后,印度的生物科技和信息科技已经居于发展中国家的前列,并且掌握了较为先进的空间技术和核技术;但是印度的科技发展并不均衡,特别是在一些关系国计民生的科技领域,明显落后于世界先进水平,印度的基础研究整体水平也呈下滑态势,为扭转这一情况,2001年,印度政府制定了新的"科技政策实施战略",大力支持空间科技、核技术、信息科技、生物科技、海洋科技的发展,此外,还确定了一些重要的基础研究领域,包括纳米材料和碳化学、光化学、神经科学、等离子研究、气候研究、非线形动力学等,以及一系列应用技术发展的重点,包括生物有害物的控制、生化肥料和水技术、自动化技术、并行计算机、新材料、飞机导航系统、微电子学和光子学等,并计划未来五年政府的科技投入翻一番。

四、我国科技发展的现状与对策

改革开放25年来,我国的科技事业焕发出新的活力,进入了快速发展阶段,对推进现代化建设、实现人民生活总体上由温饱到小康的历史性跨越作出了重大贡献。

整体科技实力显著增强,为经济社会发展作出了贡献。我国已经形成了比较完整的科学研究与技术开发体系,整体的科技发展水平位居发展中国家前列。2003年,我国国际科技论文数量已跃居世界第5位,连续两届国家自然科学奖一等奖的产生,反映了我国原始性创新能力呈现上升态势,国内的发明专利申请数量8年来首次超过来自国外的申请,其中发明专利申请增幅达到31.3%,超过了实用新型和外观设计增长的势头;全国高

新技术产业产值达到2.75万亿元,同比增长30.8%,高技术产品出口总额1 001.6亿美元,同比增长62.7%,占全国外贸出口比重已达25.1%,全国技术合同交易额首次突破1 000亿元,比上年增长22.68%;全社会研究开发经费总支出超过1 500亿元,增长速度已高于发达国家,占GDP的比例达到1.32%,其中企业的研究开发投入已超过60%;在珠江三角洲、长江三角洲和环渤海地区,已经初步形成了各具特色的高新技术产业群,出现一大批技术水平较高、国际竞争力较强的优势企业;长期以来社会发展中科技支撑相对薄弱的局面正在得到扭转,科技在生态治理和环境保护中发挥的作用日益增大。

科技体制改革不断深化,国家创新体系建设稳步推进。经过20年的科技体制改革,现在已初步形成了以市场需求为主要导向的、按照市场经济规律和科技自身发展规律构筑的研究开发新格局,科技与经济结合取得重要进展,市场配置科技资源的基础性作用初步体现,国家科技资源配置逐步优化;242个国家级技术开发类研究院(所)基本完成转制,社会公益类科研机构分类改革试点工作顺利推进;知识创新工程试点取得明显成效,高校管理体制改革成绩显著,结构调整和国家创新体系建设稳步推进,国家科研机构和研究型大学的科技实力增强,创新能力明显提高,企业科技力量得到进一步加强,宏观科技管理体制逐步完善;发展科技中介组织、风险投资及退出机制等问题已开始得到政府的重视,信息网络、数据、文献、大科学工程等科学基础设施建设取得明显成效。

人才队伍建设得到加强,创新队伍不断优化。近年来,人力资源是第一资源的思想已被社会广泛接受。随着国家科技投入的持续增加,研究环境的明显改善,相继实施了"百千万人才工程"、"百人计划"、"长江学者计划"等一系列科技人才培养与吸引计划,国家科研机构、研究型大学、国家重点实验室、国家工程中心、留学人才创业园、大学科技园加大人才队伍建设力度,为科技人才、特别是中青年科技人才提供了创新创业的舞台。到2003年,我国从事科技活动的人员超过了300万人,从数量上看,与美国、日本人才总量已大体相当;科技人才的布局进一步优化,主要集中在政府科研机构和高校的局面开始改变,企业研发人员已占全国总量的60%左右;人才的知识结构和年龄结构发生明显改观,人才队伍的代际转移基本完成,优秀青年科技人才在创新实践中脱颖而出,承担"863"计划的科研人员中,年轻人占到一半以上,自然科学基金项目负责人中,45岁以下中青年学者占69.8%,获得2003年国家科技奖的成员中,40岁以下的占到39%,40岁到50岁的占到32%;留学人员回国数量持续增加,年递增率达13%以上,目前回国工作的留学人员大约16万人,许多留学归国人才已走上科

科学、技术与社会集

研院所的领导岗位,承担国家重大科研计划,成为我国科技创新队伍的骨干力量。

开始涌现出一批重大科技成果,例如:

空间科技领域:"神舟"五号载人航天取得圆满成功,成为我国科技事业发展的又一个里程碑,标志着我国的航天科技已经进入世界先进行列;我国在应用卫星和应用小卫星研制方面取得一系列突破,加强了我国的对地监测能力和空间通讯服务能力,"双星计划"探测1号与探测2号顺利升空,获得了空间环境的一批重要数据,成为新中国成立以来第一个大型空间科技国际合作项目。

信息科技领域:CPU设计及超大规模集成电路研制呈现群体突破态势,"龙芯"系列通用芯片研制成功,多媒体专用CPU"方舟"3号等研究取得进展,为我国结束信息产品"无芯"的历史迈出了坚实步伐,采用深亚微米CMOS工艺研制的光集成芯片,最高数据传输速率可达10Gb/s,已进入世界前列;"银河"、"深腾"和"曙光"等大型计算机研制成功,使我国的高性能计算机的研制水平进入世界先进行列;华为的第五代路由器已成为国内新建骨干网、城域网、接入网的主力机型,并在世界占有一席之地;我国提出的宽带通讯技术标准已被国际采纳,成为新一代无线通讯的三大备选国际标准之一。

生命科学领域:我国的两系法杂交水稻处于世界领先地位,为解决我国粮食增产作出了重大贡献;基因组研究取得重大突破，完成了人类基因组计划1%测序精确图、水稻（籼稻）基因组测序、水稻（粳稻）4号染色体精确测序和家蚕基因组测序，发现了一批功能与疾病基因，标志着我国已成为基因组学研究强国之一；用于癌症检测、丙肝诊断、遗传病检测等方面的生物芯片，已进入临床使用阶段，标志着我国生物芯片研究已从实验室走向临床实用阶段；国家投资的"创新药物与中药现代化"专项建立了新药筛选、新药安全评价、临床试验、生物技术药物规模化制备等科技平台，推动了我国的药物研制，加快了中药现代化的进程。

能源科技领域：煤间接液化合成油技术取得突破性进展，标志着我国已基本掌握了有自主知识产权的煤合成油核心技术，为解决我国石油紧缺问题提供了新的技术路径；燃料电池研究已经解决了一些关键、核心科技问题，正在走向产业化；油气资源勘探理论与技术应用取得重要进展；电动汽车整车、燃料电池轿车、混合动力功能汽车、高性能动力蓄电池开发等方面取得突破，形成了比较完整的电动汽车产业技术支持体系；在核聚变研究方面，我国HT-7超导托卡马克获得了超过一分钟等离子放电，中国环流器二号A装置开始了首次运行，使我国迈进世界热核聚变研究大国行列。

资源环境科技领域：在西部荒漠化治理方面解决了一些重要的科技问题，找到了若干沙地植被恢复、风沙

科学、技术与社会集

环境综合治理和小流域治理的新途径;大陆环境变化研究为揭示地球系统过程作出重要贡献,黄土研究建立了独有的陆地环境变化记录,成为全球变化研究的重要支柱,揭示出青藏高原隆升等构造运动与环境变化的耦合关系,发现了东亚气候的不稳定性,并对东亚大陆与全球环境变化的联系取得了一系列创新性认识;建立了世界上最为先进完善的短期数值气候预测系统之一,首次成功地预测了2002年冬季至2003年春季我国沙尘暴的发展趋势;对2003年洪涝灾害最严重的淮河中游地区成功进行了精确的航空遥感观测,为灾情评估提供准确详实的图像和数据,为抗洪救灾和灾后重建提供了科学的决策依据。

新材料科技领域:我国在光学晶体、稀土永磁材料、高温超导体和准晶态研究等材料科技方面已取得举世瞩目的成绩,并研制出全透明KBBF单晶,提出并验证离子型声子晶体新概念;纳米科学研究方面取得一系列重大突破,在世界上率先制备出高纯、高密度、在室温下具有超塑延展性能的纳米铜,制备出具有广阔应用前景的新纳米材料——全同金属纳米团簇,在国际材料科学研究领域引起了强烈反响。

基础科学领域:我国在数学机械化证明、"量子避错码"和"量子概率克隆机"、非线性光学晶体新品种研究和有机分子薄膜的超高密度信息储存等方面的基础研究进入世界前列;有机分子簇集和自由基化学研究方面取得了突破性进展,澄江动物群与寒武纪大爆发研究所取得的成果被国际古生物学界誉为20世纪最惊人的发现之一,这两项研究分别获得2002年和2003年国家自然科学一等奖;测定了菠菜捕光复合物的结构,这一成果使我国光合作用机理与膜蛋白三维结构研究进入国际领先水平;量子信息领域研究取得了一系列重要的理论与实验的重大发现,被国际同行认为是"远距离量子通信实验领域一个重要的进展"。

　　改革开放以来,我国的科技虽然取得了长足的进步,但是,我们也应清醒地认识到,与我国的现代化建设需要相比,与发达国家的水平相比,我国科技发展的水平还相对落后,我国的原始创新和系统集成能力还不强,能纵览全局的战略科学家和能带队攻坚的领衔科学家仍然不足;科技生产关系与科技生产力发展的矛盾依然突出,几千年封建小生产意识与传统教育观念的残余仍束缚着创新能力和创新文化的发展;我国经济增长主要依赖投资驱动和外延扩展的局面尚未从根本上改变,科学技术发展滞后于经济发展,有利于科技创新及其产业化的体制机制还有待于进一步完善,科技供给能力不足的矛盾依然突出,经济社会发展尚未真正走上依靠科技创新的可持续发展轨道。

　　为了推动我国的科技进步和创新,为全面建设小康

科学、技术与社会集

社会、推动经济社会的全面、协调、可持续发展提供强有力的科技支撑,充分发挥科技在我国经济社会发展中的引领作用,当前,我们应该做好以下工作。

一是要在科技界全面落实科学发展观,树立正确的科技价值观和发展观。深入学习科学发展观,以科学发展观统领我国的科技创新工作;系统研究科学发展观,为科学发展观提供科学的理论基础;全面贯彻科学发展观,为全面、协调、可持续发展提供强有力的科技支撑;广泛宣传科学发展观,为在全社会形成爱科学、学科学、用科学的良好风尚作出贡献。在科学发展观的指导下,树立爱国奉献、创新为民的科技价值观,还要树立"以人为本,创新跨越,竞争合作,持续发展"的新的科技发展观。坚持科技创新以人为本,依靠人才,创新为民,促进人的全面发展;树立创新跨越的勇气和信心,提高我国原始科学创新、关键技术创新和系统集成能力,不断为我国全面建设小康社会、实现经济社会全面、协调、可持续发展作出重大创新贡献;鼓励竞争,加强合作,实现科技资源的优化配置,提高科技资源的创新效益;加快建立"职责明确、评价科学、开放有序、管理规范"的现代科研院(所)制度和产、学、研分工明确而又紧密结合的创新体制,加强创新文化建设,保障科技创新的持续、健康发展。

二是编制与实施中长期科技发展规划,使我国的科

学技术真正走在前面。制定国家中长期科技发展规划，必须以全面建设小康社会，实现经济社会全面、协调、可持续发展为主线，从总体上部署我国科技发展的重点，筹划我国科技总体布局和体制、机制改革；要根据我国国情，坚持有所为，有所不为，紧紧抓住事关我国现代化全局的战略高技术，紧紧抓住事关我国经济社会全面协调发展的重大公益性科技创新，紧紧抓住世界科技发展的重大基础与前沿问题，突出重点，优先部署，集中力量，力争取得重大突破；要加强制度创新，发挥市场经济对科技资源配置的基础性作用，充分运用市场竞争与合作机制提高科技创新的效率和效益，加强基础研究原始性科学创新，加强战略高技术创新与系统集成，加强科技产业化和企业技术创新能力的建设。各级政府、企业、社会都应加强对科技的支持与投入，将对于科技的投入视为对国家、企业未来的最为重要的公共战略性投资；特别是企业要将科技创新作为发展的根本动力，从而使企业自觉成为技术创新和科技成果产业化的主体，使我国的科学技术真正走在前面。

　　三是要推进国家创新体系建设，提高科技创新能力，促进产业竞争力的全面提升。充分发挥政府的主导作用，发挥国立研究机构与研究型大学的骨干作用，发挥市场的基础作用和企业技术创新的主体作用，加快推进建设和完善国家创新体系。以提高国家创新体系单

科学、技术与社会集

元和系统的创新能力为核心,制定正确的发展战略,构建政策与制度规范,创造公平竞争环境,建立科学高效的宏观决策与调控机制,完善科技评价制度和资源配置制度,提高我国的创新能力和创新效益;在多数领域继续引进先进技术,加强引进技术的消化吸收,尽快实现引进技术的本土化,在具备条件的重要产业或产业发展的关键阶段,加强关键技术创新和系统集成,实现跨越式发展,在少数关系国计民生和国家安全的关键领域和若干科技发展前沿,大力加强自主创新能力,占领对国家发展至关重要的科技与产业制高点;尽快建立健全有利于科技成果转化和产业化的机制,密切产学研之间的结合,加速科技成果的转化,完善市场环境,依靠技术创新实现企业的发展和产业竞争力的提升。

四是坚持以人为本,建设创新文化,充分发挥科技人员的创造性。造就一批德才兼备、具有战略眼光和卓越组织才能的战略科技专家和领衔科学家与工程师,建设一批善于攻坚、能够解决国家重大战略问题的创新团队;建立适合我国科技发展需要的人才结构,创造条件,为各类人才、特别是青年人才的脱颖而出提供更大的舞台和更多的机会;加强创新文化建设,在全社会培育创新意识,倡导创新精神,完善创新机制,形成宽松、和谐、鼓励创新的社会文化环境,鼓励科技人员树立科学的世界观、正确的人生观和价值观,不断在为祖国和人民的奉献中实现自己的理想和价值；继续吸引并支持广大海外留学生和学者，以各种方式，为我国的科技发展作贡献。

五是要加强科学道德与学风建设，加强科学普及工作。广大科技人员应充分认识肩负的历史责任，十分珍惜国家和人民赋予的期望和支持；坚持以爱国奉献、创新为民为宗旨；倡导解放思想、求真唯实、科学严谨、协力创新、力戒浮躁、专心致研、诚实守信、谦虚谨慎、勤俭节约、艰苦奋斗、开放合作、自主创新的学风和工作作风；勇于创新、善于创新、攀登世界科技高峰，为全面建设小康社会、推进社会主义现代化不断作出重大贡献。科技界应肩负起向全社会传播科学知识、科学方法、科学思想和科学精神的责任，推动全社会进一步形成讲科学、爱科学、学科学、用科学的社会氛围和良好风尚，并根据时代的要求，建立新型的科学与公众的关系，从公众被动接受科学知识，转变为科学与社会公众的交流和互动，使社会与公众对科技发展享有更多的知情权，从而进一步理解科技，支持科技，参与科技，监督科技，使科技成为全社会和全体公民的共同事业。

"创新是一个民族的灵魂，是一个国家兴旺发达的不竭动力。"我们要紧密团结在以胡锦涛同志为总书记的党中央周围，以邓小平理论和"三个代表"重要思想为指针，全面落实科学发展观，把握历史机遇，深化科技体

科学、技术与社会集

制改革,建设国家创新体系,全面提升我国的科技创新能力,为全面建设小康社会、推进社会主义现代化,实现中华民族的伟大复兴,提供强大的科技支撑和发展动力。

中国现代化现状与前景

何传启

一、什么是现代化
二、世界现代化的趋势
三、中国现代化的现状
四、中国现代化的前景

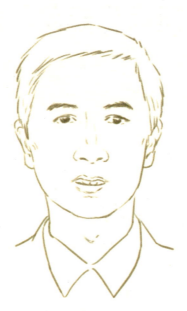

【作者简介】何传启,1962年生,湖北武汉人,1983年毕业于武汉大学。现任中国科学院中国现代化研究中心主任、研究员,北京同响现代化学术研究中心主任、中国科技大学博士生导师、中国现代化战略研究课题组组长。曾任中国驻美国大使馆科技外交官、中国科学院规划处处长等职。1985年以来发表论文100多篇,出版专著《第二次现代化:人类文明进程的启示》、《东方复兴:现代化的三条道路》和《分配革命:按贡献分配》等,合著《国家创新系统》、《知识创新》和《中国现代化报告》系列等。

1996年提出基础研究国家目标的四个分目标和战略性基础研究,参与国家科委"关于加强国家重点基础研究和高技术产业化的汇报提纲"的起草,1997年获国务院审议通过,"973"计划启动。1997年完成"迎接知识经济时代、建设国家创新体系"研究报告,提出国家创新体系的四个子系统和"知识创新工程"。1998年起草《中国科学院关于开展〈知识创新工程〉试点的汇报提纲》,同年获国务院审议通过,知识创新工程试点启动。1998年提出人类发展新理论——第二次现代化理论,随后出版《第二次现代化丛书》等。

中国现代化现状与前景

目前,现代化不仅是世界关心的话题,也是中国人民关心的话题,既是世界科学的前沿课题,也是中国的国家目标,同时是中华民族几代人的梦想和追求。100多年来,中华民族的先进分子,为了国家独立和民族复兴,为现代化建设前仆后继。努力奋斗100年以后,中国的现代化到底实现了没有啊?还没有!中国现代化实现的程度怎么样啊?需要研究。中国现代化的前景如何啊?需要研究。

大家知道,早在1987年4月,邓小平同志首次系统阐述了中国现代化建设的"三步走"发展战略。第一步战略目标是到1990年,人均国民生产总值比1980年翻一番,解决温饱问题;第二步战略目标是从1990年到2000年,人均国民生产总值再翻一番,达到小康水平;第三步战略目标是从2000年到2050年,达到当时世界中等发达国家水平,基本实现现代化。目前,第三步战略已经开始。显然,第三步战略目标不同于第一步和第二步战略目标,它是一个跨越50年的动态目标,是以世界发达国家和中等发达国家发展水平为参照系的。那么,要实现现代化,首先要回答四个问题:第一个,什么是现代化?第二个,什么是2000年的现代化?第三个,什么是2050年的现代化?第四个,如何实现2050年的现代化?

科学、技术与社会集

　　如果说现代化是一场100年的奥林匹克比赛的话，那么任何一个国家想参与这场比赛，首先要明确比赛的规则、比赛的起点和比赛的跑道。只有懂得比赛的国家才能赢得比赛，而不同国家面临的挑战是不一样的。中国现代化显然是史无前例的世纪工程。如果从1860年开始算起，我们的现代化已经走过140年。如果在21世纪末，全面实现现代化，那么中国的现代化需要240年。西欧国家的现代化，如果从1760年算起，到21世纪末实现第二次现代化，他们花340年的时间完成了两次现代化。我们有13亿多人口，而西欧只有4亿人口，中国人口是西欧的3倍多。我们要用240年完成两次现代化，西欧用340年完成两次现代化，我们的时间比他们短100年。显然，中国现代化的挑战是空前的。

　　下面我就从四个方面，用非常简洁的语言，来介绍一下什么是现代化，世界现代化的趋势，中国现代化的现状，中国现代化的前景。

一、什么是现代化

　　什么是现代化？这是一个没有标准答案的话题，我从三个方面来解释：现代化的历史定位，现代化的三层含义，现代化与科技的关系。

中国现代化现状与前景

1. 现代化的历史定位

虽然现代化研究已经有50多年历史了,但目前对于什么是现代化,不同人有不同答案。对于发展中国家的50亿人口来说,现代化只是一个梦,或者是目标和追赶,而且对于绝大多数发展中国家来说,现代化是不可能实现的。也就是说,实现现代化不是必然的。对于发达国家的10亿人口来说,现代化是领先,是风险与创新并存。换句话说,发达国家不太可能永远是发达国家,它有可能衰落下去。那么,对我们来说,什么是现代化?

首先,对于老百姓来说,最先进的、最新的、最好的、最发达的就是现代化的。其次,对于官员来说,现代化是国家目标,是追赶世界先进水平,是工业化和城市化等。其三,对于学者来说,现代化是一个普遍现象,是一个研究课题,是一种理论或规律。

我们认为,现代化是人类文明的组成部分,是人类文明进程的最新篇章。

我相信各位都上过学。上小学的时候老师就讲,人类文明是一条长河。大家想想,这条长河在哪里?现代化在长河中处于什么位置?我们不妨以中国长江为例。

公元2000年,在长江上游,大部分地区是农村地区,部分地区还带有原始文化的痕迹和特征。例如,生活在四川和云南交界地区的一个少数民族——摩梭族,是

科学、技术与社会集

"女儿国",仍然保留着母系社会的传统。从人类学的角度看,母系社会是原始社会后期的一种社会形态,是1万年以前的社会形态。在云南的西双版纳地区,还有不少的少数民族仍然采用"刀耕火种"的生产方式。根据人类学家的观点,"刀耕火种"是6000年前的生产方式,也就是人类新石器时代的生产方式。也就是说,在我们长江流域上游还有原始社会的痕迹。

在长江中游,无论是湖南、湖北,还是江西、安徽的广大地区,许多是农村地区,是面朝黄土背朝天的"小农经济"的农业社会。

在长江下游,在江苏南部,已经是城市连片,南京、常州、无锡、苏州这种城市连片的社会,就具有工业社会的性质。

在长江入海口,上海在干什么?上海在把传统工业大幅度转移出去,发展知识型产业、高技术产业和金融服务业。在20世纪70年代,上海的工业增加值占GDP的77%;到2000年,上海工业增加值比例只有48%,将近一半的工业已经转移出去了。这是所谓的"非工业化"。我们把它叫做新经济的发展,知识经济初见端倪,知识社会初现曙光。

也就是说,目前我们国家是一个多元复合社会,人类文明四个发展阶段的典型特征,在长江流域都可以找

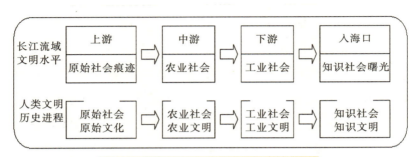

▲ 图1 人类文明进程的"长江模型"

到,从原始社会、农业社会、工业社会到知识社会,都可以发现它们的特点。这就像是人类文明,从长江的源头到上游、中游、下游,一直流到入海口。我们把这种现象叫做人类文明长河的"长江模型"(图1)。其中,从农业社会向工业社会的转变是一种现代化,从工业社会向知识社会的转变也是一种现代化。但是,这两种现代化有本质的不同。显然,现代化是人类文明的新篇章。

我们上中学的时候,老师讲人类社会的发展不是直线的,而是螺旋式上升的。那么,人类社会是如何螺旋的?现代化在螺旋式上升中处于什么位置?我们来看看。

如果把人类文明发展过程比做一条长河的话,这条长河是分阶段的。

第一个阶段是原始社会。工具制造革命,使人区别于动物,原始人类最初以狩猎、采集为生。大约在1万年前发生农业革命,人类逐渐抛弃狩猎和采集,转向种植

科学、技术与社会集

农业,就是农业化。这是人类文明的第一次转折。在200多年前的18世纪中叶发生了工业革命。工业革命以后,人类文明再一次发生转折,逐步发展工业,工业化和城市化开始发展。在农业社会的时候,农业产值占GDP的90%以上,而到了工业社会,农业产值占20%左右,这个过程是从农业化到非农业化。而在大约30年前,在20世纪70年代,人类发生了第四次革命,我们叫它信息革命或者知识革命。信息革命或者知识革命导致人类文明再一次发生转折,工业比例下降,转向信息化和知识化。在知识革命开始的时候,工业增加值占GDP的比例高达50%多,而目前所有发达国家工业比例都只有20%左右。也就是说,在人类文明的长河里头,

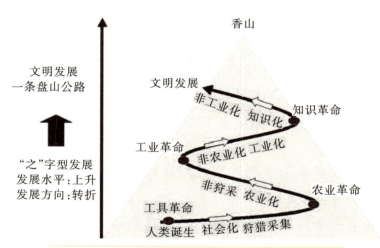

▲图2 人类文明发展的螺旋式上升图(人类文明进程的"香山模型")

人类文明至少发生了三次转折。从这个角度而言,我们可以说,人类文明的发展在某种程度上就像是一条盘山公路。人类文明的水平在不断地提升,但是人类文明的方向发生了几次重大的转折。我们用图2的螺旋图来说明文明进步的轨迹。

人类文明进程出现了三个螺旋,第一个螺旋是从原始社会向农业社会的转变,第二个螺旋是从农业社会向工业社会的转变,第三个螺旋是从工业社会向知识社会的转变。

那么,现代化是什么?现代化是工业革命以来人类文明的新发展,是人类文明所发生的革命性变化。其中,工业革命以来从农业社会向工业社会的转变是一个螺旋,是一种现代化;知识和信息革命以来从工业社会向知识社会的转变是一个螺旋,是另一种现代化。这是现代化的两个不同阶段。

2. 现代化的三层含义

我们研究发现,现代化至少有三种解释。一种是字典解释,也就是《新华字典》、《辞海》对现代化的解释,这是习惯用法。第二种是理论含义,或者说是现代化研究者对现代化的规律的系统表述。而第三种是政策解释,即现代化的政策含义。

科学、技术与社会集

（1）现代化的基本词义和习惯用法

现代化的基本词义指字典或词典里关于"现代化"的定义。现代化的习惯用法指人们根据词典里关于"现代化"的定义来使用它，是通俗用法。在中国，"现代化"一词大约出现在20世纪初。在西方国家，"现代化"一词大约出现在18世纪。现代化有两个基本词义：

① 一个过程（进行现代化的过程）：一个成为具有现代特点的、适合现代需要的过程；

② 一种状态（达到现代化的状态）：一种已经具有现代特点的、适合现代需要的状态。

简单地说，"现代化"既可表示一个成为具有"现代特点"的发展过程，也可表示一种具有"现代特点"的发展状态（通常指世界先进水平）；"现代特点"指大约公元1500年以来出现的新特点和新变化，通常指最新的、最先进的和最发达的特点。

"现代化"这个词，只有时间上限（公元1500年），没有时间下限，没有领域限制，所以用得很广泛，它可以组成词组，例如，教育现代化、农业现代化、现代化城市和现代化学校等。通俗地说，最先进的、最发达的、最新的、适合现代需要的就是现代化的。

（2）现代化的理论含义

现代化的理论含义是学者们对现代化过程的特征和规律的系统阐述。由于不同学者的研究角度不同，于是就产生了现代化理论的不同流派。虽然不同学者的解释不尽相同,但其理论内核是一致的。比较有影响的理论包括经典现代化理论、后现代化理论、生态现代化理论、再现代化理论、多元现代化理论和第二次现代化理论等。

经典现代化理论认为,现代化指18世纪工业革命以来人类社会发生的一种深刻变化,它包括从传统农业社会向现代工业社会转变的历史过程以及落后国家赶上世界先进水平、实现工业化的过程。有些学者认为现代化过程可以从16世纪的科学革命算起。

第二次现代化理论认为,18世纪到21世纪的现代化可以分为两大阶段;其中,从农业时代向工业时代、农业经济向工业经济、农业社会向工业社会、农业文明向工业文明的转变过程是第一次现代化(即经典现代化);从工业时代向知识时代、工业经济向知识经济、工业社会向知识社会、工业文明向知识文明的转变过程是第二次现代化;知识时代不是文明进程的终结,将来还会有新的现代化。第一次现代化的典型特征是工业化、城市化、民主化和理性化等,第二次现代化的典型特征是知识化、信息化、全球化和绿色化等。

(3) 现代化的政策含义

现代化既是人类文明的发展方向,也是世界不同国家的追求目标,而不同的国家、不同的地区在不同的历

科学、技术与社会集

史时期面临不同的问题，于是采取不同的政策和措施。如果把这些政策和措施赋予现代化，那么，他们就变成现代化的政策解释。

现代化的政策含义，实际上是现代化理论实际应用，是推进现代化的各种战略措施。现代化理论在不同国家和不同领域有不同的政策含义，例如，在经济领域，经典现代化的政策含义是推进工业化、标准化、规模化、农业现代化、工业现代化、科技现代化、管理现代化等；在社会领域，经典现代化的政策含义是推进城市化、教育现代化、国防现代化等。

我们国家，在20世纪50年代，毛主席讲的现代化是工业化强国；在60年代和70年代，周总理讲的现代化是工业、农业、国防、科技的四个现代化；到了80年代，邓小平同志讲的是现代化的三步走。这些都是讲现代化的政策含义。20世纪90年代以来和21世纪初，我国不同的地区，纷纷地提出现代化的一些政策目标。这些都是政策解释。

3. 现代化与科技的关系

总体而言，16世纪和17世纪的科学革命，为现代化准备了科学知识和科学精神，提供了科学方法。科学在现代化过程中的巨大作用，是逐步发挥出来的。

首先，科学在第一次现代化过程中的作用是逐步增加的。从农业社会向工业社会转变,大约是在18世纪60年代到20世纪60年代这200年时间里完成的。在这个过程里面,科学在现代化过程中的作用逐步上升。在18世纪和19世纪上半叶,科学对现代化没有直接作用。但是到了19世纪下半叶,有了电子产品、化学产品的时候,电子工业、机械工业、化学工业建立,在新的科学发展的基础上,科学才真正成为现代化发展的动力。特别是到了20世纪初,国家创新体系逐步形成,科学的作用更加明显。但总的来说,在第一次现代化早期,工业化、城市化是动力。

其次,科学是第二次现代化的动力。20世纪70年代以来,发达国家逐步从工业经济向知识经济转变。在这个转变过程中,转变的动力有三个:第一个是知识创新,第二个是制度创新,第三个是人力资本。知识创新包括科学发现、技术发明、知识创造和新知识首次应用。而国家创新体系是现代化的发动机。在这个时候,现代化的模式是什么呢?是知识创新产生新科技,新科技创造新产业,新产业导致新经济,新经济导致新社会,新经济和新社会共同促进新现代化;新现代化又反过来推动知识创新,形成一个正反馈的创新驱动。没有知识创新就没有新现代化。在很大程度上,这就是中国政府在1998年支持知识创新工程试点的科学背景。这是一个战略决策,而不仅仅是投资了几百个亿。正是在这个

科学、技术与社会集

背景下,中国科学院成立了中国现代化研究中心,目的在于把从知识创新到新科技、新产业、新经济、新社会、新现代化形成一个完整的体系并系统研究,寻找中国现代化的合理道路和科学基础。

二、世界现代化的趋势

关于世界现代化的趋势,我讲三个方面:第一个,世界现代化的方向;第二个,世界现代化的内涵;第三个,世界现代化的理论。从20世纪70年代以来,世界现代化的方向发生了重大转折,世界现代化的内涵发生了本质的变化,世界现代化的理论研究出现了新潮流。

1. 世界现代化的方向发生重大转折

中国有句老话,叫做"不怕不识货,就怕货比货"。把发展中国家的现代化与发达国家的现代化作一个比较,就会认识到,目前世界现代化的方向已经发生了重大的转折。

首先,发展中国家的现代化。主要特点有三个。(1)工业化:工业经济比重上升,工业劳动力比重上升。(2)城市化:城市人口比重上升。(3)政策重点:关注经济增长。

其次,发达国家的"现代化"。主要特点也有三个。

中国现代化现状与前景

（1）非工业化/工业转移：工业经济比重下降，工业劳动力比重下降，服务业比例上升。（2）非城市化/城市扩散：城市人口比重下降，城市人口向郊区迁移。（3）政策重点：提高生活质量。

事实上，发达国家的现代化经历了两个阶段，即工业化和非工业化、城市化和非城市化，目前发达国家都已经进入非工业化和非城市化（逆城市化）的阶段。

我们不妨用一些数据来说明现代化的两个阶段。

目前，无论是美国还是欧洲和日本，都在发生非工业化，工业比重下降，它们的工业已经有50%以上转移到了发展中国家。第二个是非城市化，城市人口大规模向农村、向郊区迁移。美国现在50%的人口住在郊区，只有30%的人口住在市区，还有20%的人口住在农村或者小城镇。第三个是政策重点关心人民的生活质量，关心幸福感，而不是经济增长。

例如，在1960年到1998年之间，发展中国家是工业化，农业比例下降，工业比重上升。那发达国家是什么呢？它们在1960年的时候工业占40%左右，到1998年的时候工业降到30%；制造业1960年的时候占到30%，到1998年的时候降到20%。工业增加值占GDP的比例持续下降就是非工业化。

下面以美、英、法三国为例，来看看现代化的两个阶段：工业化和非工业化。

科学、技术与社会集

先看看美国的情况。从1820年到2001年的180年之间,美国经济现代化的走向是什么呢?以劳动力的结构为例。农业比例从70%降到2%,一路下降。工业比例怎么变呢?从15%到24%,到34%,到36%,然后现在已经降到22%。再看英国,农业比例从38%降到1%,而工业比例从33%上升到48%,然后降到25%。再看看法国,农业比例从49%降到2%,而工业比例从28%上升到40%,然后降到24%(表1)。

表1　19～20世纪美国、英国和法国经济发展的工业化和非工业化

年代	美国			英国			法国			发展阶段
	农业	工业	服务业	农业	工业	服务业	农业	工业	服务业	
	国民经济的产业结构(%)									
1801/1839	43	26	32	34	22	44	-	-	-	工业化
1851/1989	18	44	38	20	36	44	53	25	22	
1919/1929	11	41	48	4	55	41	43	29	28	
1953/1955	6	47	48	5	57	39	28	36	36	
1960	4	38	58	3	43	54	10	39	51	非工业化
1970	3	35	62	3	38	59	7	39	54	
1980	3	34	64	2	35	63	4	34	62	
1990	2	27	71	2	34	65	4	28	68	
1997	2	26	72	1	30	69	3	25	72	
2001	2	25	73	1	27	72	3	25	72	

中国现代化现状与前景

续表

	全国劳动力的就业结构(%)									
1820	70	15	15	38	33	30	-	-	-	
1870	50	24	26	23	42	35	49	28	23	
1913	28	30	43	12	44	44	41	32	27	工业化
1950	13	34	54	5	45	50	28	35	37	
1960	7	36	57	4	48	48	22	38	40	
1970	4	34	62	3	45	52	14	40	46	
1980	3	31	65	3	38	59	8	35	57	
1990	3	28	69	2	28	70	5	29	66	
1997	3	24	73	2	27	71	5	26	70	
2001	2	22	76	1	25	72	2	24	74	

▲ 资料来源:何传启《东方复兴》,北京:商务印书馆,2003。

试问:美国2001年工业占22%,1870年工业占到24%,是不是2001年美国工业化水平比1870年还要低啊？显然不是的,而是它的整个现代化模式、经济模式已经发生了革命性的转变,跟我们所理解的以工业化为特征的经典现代化已经完全不同了。

以1969年为分界线,在1969年以前,世界现代化模式就是工业比例上升,农业比例下降,服务业比例上升；在1969年以后,是农业比例继续下降,工业比例不是上升而是大比例下降、快速下降,服务业不断上升。服务业已经超过70%,有些国家达到80%,在70%到80%之

间。在服务业中，哪些是真正的上升的部分，哪些是不变的部分，哪些是下降的部分？这是科学家关心的问题。

在英国也是一样。从20世纪50年代到90年代，英国的工业比例不断下降。这种非工业化表示工业文明进入到了一个新的阶段。在这个阶段，发达国家和地区工业部门向发展中国家和地区转移，发达国家内部的工业向服务业转变。第一次现代化发达国家做完了，而发展中国家还没有做完。

2. 世界现代化的内涵发生根本变化

通过简单的国际比较，就可以发现现代化内涵的根本变化。

首先，发展中国家的现代化，正在发生三个转变。(1)从农业经济向工业经济的转变；(2)从农业社会向工业社会的转变；(3)从农业文明向工业文明的转变。

其次，发达国家的现代化，也在发生三个转变。(1)从工业经济向知识经济的转变；(2)从工业社会向知识社会的转变；(3)从工业文明向知识文明的转变。

知识经济，是农业经济和工业经济以后的一种新经济形态，是以知识为基础的经济，它直接依赖于知识和信息的生产、传播和应用，是知识密集型经济。知识经济的主要产业包括知识生产业（科学研究和高技术产业）、知识和信息传播业、知识和信息服务业。目前，OECD国家知识经济占国民经济的比例已经达到约50%。知识经济的崛起，正在改变世界。

3. 世界现代化的研究出现了新潮流

在20世纪后50年里，现代化理论研究大致经历了三个阶段。第一阶段是20世纪50～60年代的现代化研究，主要理论成果是经典现代化理论。第二阶段是20世纪70～80年代的后现代研究，包括对经典现代化理论的批评和发展，以及后现代主义和后现代化理论的兴起。第三阶段是20世纪80～90年代的新现代化研究，涌现了一批新的现代化理论，如生态现代化理论、再现代化理论、多元现代性理论和第二次现代化理论等。

（1）经典现代化理论

经典现代化理论是对18世纪工业革命以来世界现代化进程的理论阐述，但不同学者对现代化的理解不同。一般而言，现代化指18世纪工业革命以来人类社会所发生的深刻变化，它包括从传统经济向现代经济、传统社会向现代社会、传统政治向现代政治、传统文明向现代文明转变的历史过程及其变化；它既发生在先进国家的社会变迁里，也存在于后进国家追赶先进水平的过程中。经典现代化指从传统农业社会向现代工业社会转变的历史过程及其深刻变化。北京大学罗荣渠教授

科学、技术与社会集

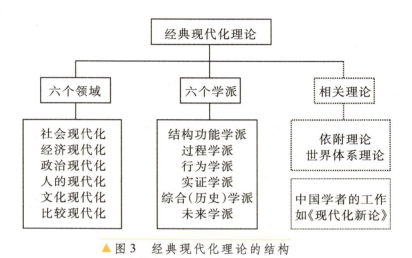

▲ 图3　经典现代化理论的结构
资料来源：何传启，2003.

在《现代化新论》一书中指出，作为人类近期历史发展的特定过程，把高度发达的工业社会的实现作为现代化完成的一个主要标志也许是合适的。

　　经典现代化理论并不是一个单一的理论，而是现代化思想的集合（图3）。如果按研究领域划分，经典现代化理论有六大分支，它们是社会现代化理论、经济现代化理论、政治现代化理论、人的现代化理论、文化现代化理论和比较现代化理论等，这些理论阐述了不同领域现代化的特点和规律。如果按研究方法和特点划分，经典现代化理论可以分为六大学派，它们是结构功能学派、过程学派、行为学派、实证学派、综合学派（历史学派）和未来学派等，反映了学者们从不同角度对现代化规律的认识和分析。当然,六大分支和六个学派的划分是相对的,但它们都有自己的代表性学者和著作。经典现代化理论一般以国家为研究单元,依附理论和世界体系理论则从国际关系的角度分析现代化,既是对经典现代化理论的批判,也是重要补充。

(2)后现代化理论

后现代化理论是在20世纪70年代进入人们视线的,并在发达工业国家引起广泛关注。如果说,经典现代化理论向我们描述了一个工业化世界,那么,后现代化理论探索了工业化以后的发展。后现代化理论并不是一个完整的理论体系,而是关于后工业社会、后现代主义和后现代化研究的一个思想集合。

美国学者贝尔从五个方面刻画后工业社会:① 经济方面:从产品生产经济转变为服务性经济;② 职业分布:专业和技术人员阶级处于主导地位;③ 中轴原理:理论知识处于中心地位,它是社会革新与制定政策的源泉;④ 未来的方向:控制技术发展,对技术进行鉴定;⑤ 制定决策:创造新的"智能技术"。

后现代化理论认为,从传统社会向现代社会(农业社会向工业社会)的转变是现代化,从现代社会向后现代社会(工业社会向后工业社会)的转变是后现代化。从现代化向后现代化的转变还包括政治、经济、性和家庭、宗教观念等的深刻变化。现代化的核心目标是经济

科学、技术与社会集

增长,后现代化的核心目标是使个人幸福最大化。在专业化、世俗化和个性化方面,后现代化是现代化的继续。德国学者贝克教授认为后现代化是"第二次启蒙"。

(3) 新现代化理论

在20世纪80~90年代里,现代化研究虽处于相对低潮时期,但孕育了许多新思想;例如,德国学者胡伯教授的生态现代化理论、德国学者贝克教授的再现代化理论、以色列学者艾森斯塔特教授的多元现代性理论和中国科学院何传启研究员的第二次现代化理论等。

第二次现代化理论既是一种广义现代化理论,也是一个文明发展理论。它的要点是:

① 现代化指18世纪工业革命以来人类文明所发生的一种深刻变化,它包括从传统社会向现代社会、传统经济向现代经济、传统政治向现代政治、传统文化向现代文化转变的历史过程和变化,以及不同国家追赶、达到和保持世界先进水平的国际竞争。

② 世界现代化是一个漫长的历史过程。从18世纪到21世纪末,世界现代化过程可以分为两大阶段;其中,第一次现代化指从农业时代向工业时代、农业经济向工业经济、农业社会向工业社会、农业文明向工业文明的转变过程,第二次现代化指从工业时代向知识时代、工业经济向知识经济、工业社会向知识社会、工业文明向知识文明的转变过程;第二次现代化不是人类历史的终

结,将来还有新的发展。

③ 两次现代化是紧密相关的。在同一个国家和地区,第一次现代化奠定了第二次现代化的物质和社会基础;第二次现代化在许多方面是对第一次现代化的消除和"反向",在某些方面是对第一次现代化的继承和发展,在有些方面是新发生(或创新)的;两次现代化的协调发展则是综合现代化。在不同国家和地区之间,两次现代化是相互作用的。

④ 两次现代化有不同规律和特点(表2)。第一次现代化的主要特点是工业化、城市化、民主化、法治化、集中化、福利化、流动化、专业化、分化与整合、理性化、世俗化、大众传播和普及初等教育等。第二次现代化的主要特点是知识化、网络化、信息化、全球化、分散化、创新化、个性化、多样化、生态化、民主的、理性的和普及高等教育等。在第一次现代化过程中,经济发展是第一位的,满足人类物质追求和经济安全,副作用是环境退化。在第二次现代化过程中,生活质量是第一位的,满足人类幸福追求和自我表现,经济与环境双赢;物质生活质量可能趋同,但精神文化生活高度多样化。

科学、技术与社会集

表2　第一现代性和第二现代性的比较

领域	第一现代性	第二现代性
经济	工业经济，工业化、市场化、非农业化	知识经济，生态化、全球化、非工业化
社会	工业社会，城市化、福利化、流动化	知识社会，郊区化、信息化、绿色化
政治	民主化、法治化、科层化	知识化、国际化、分散化
文化	世俗化、理性化、大众化、物质价值	多元化、网络化、产业化、生活质量
个人行为	开放、参与、独立性、普及初等教育	创新、学习、个性化、普及高等教育
环境管理	经济主义、控制自然、生态环境破坏	生态平衡、互利共生、经济环境双赢

▲ 资料来源：何传启，2003.

⑤ 不同国家和地区启动和完成第一次现代化和第二次现代化的时间是不同的。发达国家早已完成第一次现代化，已经进入第二次现代化的发展轨道。发展中国家启动第一次现代化的时间先后不一，完成时间也没有确定，第二次现代化的压力已经到来，它们不得不同时面对两次现代化的双重挑战，它们有可能选择两次现代化协调发展的综合现代化模式。

第二次现代化理论描述的第一次现代化就是经典

现代化,描述的第二次现代化是正在进行尚没有完成的新现代化。在某种意义上,如果说,后现代化反映了从第一次现代化向第二次现代化的过渡,那么,后现代化理论是从经典现代化理论向第二次现代化理论的"理论过渡";生态现代化理论和再现代化理论,可以看成是关于第二次现代化的不同理论解释。

现代化遵循六个基本原理:第一个,进程不同,不可能同步走;第二个,空间不均衡,分布不平衡;第三个,历史结构相对稳定,现代化也有一个历史结构;第四个,地位可变迁,不同的国家和地区在不同的历史阶段它的国际地位可以变迁,不是一成不变的;第五个,路径可选择,不同的国家和地区的现代化路径可选择,而且结果对路径有依赖性,路径选择的失败就意味着结果的彻底失败;第六个,行为可预期,只要是合理的行为,现代化是可以预期的,有了坐标、有了数据就完全可以对世界上的国家和地区的现代化做出预测。

例如,在20到50年的时间里,90%以上的发达国家仍然是发达国家,而90%以上的欠发达国家仍然是欠发达国家。你改变不了自己的命运。为什么说大多数的发展中国家是不可能实现现代化的呢?因为现代化不是必然的。实际情况是,由发展中国家变成发达国家的概率不超过10%。换句话说,中华民族在21世纪实现现代化的可能性也不超过10%,这是一个小概率事件,不

是必然事件。正是在这个背景之下,中国科学院才支持我们成立这个中心。没有科学研究,没有创新,中国现代化就根本无从谈起。

在国内,新现代化研究已经取得较大进展。例如,我们在1998年提出第二次现代化理论,1999年由高等教育出版社出版了《第二次现代化丛书》,2000年出版了《第二次现代化的行动议程》,2001年出版了《第二次现代化前沿》,包括知识创新和按贡献分配。然后从2001年开始,我们对世界上人口超过100万的131个国家进行了连续追踪和评价。我们评价的内容从1950年开始,现在已经评价到了2003年。然后在21世纪这100年时间里,我们会不断对这131个国家进行动态研究。研究它们的现代化怎样,走到哪一步,我们处于什么位置,下一步我们最合理的选择是什么。

在国际上,新现代化研究也受到了重视。比如在2001年,德国研究联合会支持的4项现代化研究,投资约为1300万欧元,折合人民币1亿元,共有157人参加。现代化研究的国际竞争也在增加。我们现代化中心,目前只有5个岗位,每年总经费是60万元。我们必须用5个岗位、60万块钱来跟外国科学家竞争。

目前,关于现代化的理论,流派纷呈。例如经典现代化、后现代化、第二次现代化等。如果把这些理论集合起来,就可以构成现代化理论的一个理论大厦(图

中国现代化现状与前景

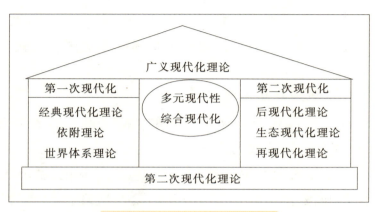

▲ 图4　广义现代化理论大厦

4）。我给它取一个名字，叫现代化理论的"百货商店"。这个百货商店向所有的国家、所有的民族开放。不同国家和不同民族，要想实现现代化，就需要不同的理论来指导现代化建设。于是，请您进到现代化理论的"百货商店"来。只要您是一个理性人，您就有可能找到一个适合您的理论，适合您的路径和发展战略。这也是我们目前的工作目标之一。

三、中国现代化的现状

中国现代化是世界现代化的组成部分。要分析中国现代化，就必须了解世界现代化。现代化是非常复杂的，我们不能只见树木不见森林。要比较全面地了解世

173

界现代化,就需要进行评价。所以,我讲三个问题,世界现代化的坐标、中国现代化的现状和中国地区现代化。

1. 世界现代化的坐标

世界现代化的坐标是这样的:从1760年到21世纪末,现代化可以分成两个阶段。

第一个阶段是第一次现代化,包括工业化、城市化、理性化和民主化等。先行国家的第一次现代化大约是从1760年到1960年。许多发展中国家目前尚没有完成第一次现代化。

第二个阶段是第二次现代化,包括知识化、信息化、绿色化和全球化等。先行国家的第二次现代化大约1970年启动,到21世纪末。目前大约有24个国家进入第二次现代化。

两次现代化有不同特点。我们建立了第一次现代化评价模型、第二次现代化评价模型。第一次现代化评价模型是采用了美国学者的一个模型,并作了一些调整。第二次现代化评价模型是我们自己提出来的,我们有四类指标:第一个是知识创新,第二个是知识传播,第三个是经济质量,第四个是生活质量。世界现代化评价的所有的评价数据都来自世界银行的《世界发展报告》、世界发展指标和数据集,还有联合国、联合国教科文组织、国际劳工组织等的统计年鉴。中国地区的数据来自

《中国统计年鉴》和《地区统计年鉴》。

世界131个国家的现代化进程,过去50年的基本情况是这样:1950年世界上只有两个国家基本完成了一次现代化。2000年世界上约有61个国家及地区已经实现或基本实现了第一次现代化,其中,20多个国家进入第二次现代化的发展期或起步期。还有60多个国家及地区没有完成第一次现代化进程。

2000年,世界上大约有24个国家进入第二次现代化,大约占国家样本数的18%;大约有100多个国家处于第一次现代化,同时大约有10个国家实际上处于传统农业社会,有几百个少数民族生活在原始社会(图5)。瑞

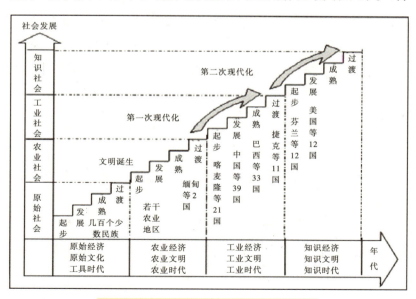

▲ 图5 2000年世界各国现代化水平

典、丹麦、美国、瑞士、日本、德国、荷兰等国家，走在世界的前沿。

2. 中国现代化的现状

目前，中国处于第一次现代化的发展期，属于初等发达国家，距离世界中等发达国家和发达国家水平的差距仍然比较大。中国现代化水平在108个国家中排名60位左右。虽然中国尚没有进入第二次现代化，但第二次现代化的许多要素如知识经济和信息化等已经落户中国，中国第二次现代化指数的世界排名高于第一次现代化水平的世界排名。

在过去50多年里，中国现代化水平总体上在不断提高。1950年，我们第一次现代化实现程度大约为26%；到了2000年，我国第一次现代化实现程度为76%，2001年我们为78%。20世纪60年代，周总理曾提出"四个现代化"，就是到20世纪末实现现代化。2000年我们第一次现代化大约完成了76%，还有24%没有完成。在这50年内，我们第一次现代化实现程度每年大约提高一个百分点。

当然，在50年期间发展是不均衡的。我们有三个高峰期，一个是1950—1960年，新中国成立初期我们跳跃了一下。然后是改革开放时期，就是1970年到1980年上升了一下。然后是1990年到2000年之间，市场经济，快速发展。最差的是1960年到1970年之间了。10年仅仅上升了3个百分点,基本上是踏步不前。

目前我们与世界中等发达国家的差距在缩小,但是与发达国家的差距还在扩大。运用数据来说,我们2000年第一次现代化实现程度是76%,如果按照1960年到2000年的平均速度计算,那么,我们完成第一次现代化大约还需要15年。换句话说,中国现代化真实水平是什么呢?是在2020年前后,可以达到发达国家1960年的平均值。这是一种乐观的估计。

3. 中国的地区现代化

2001年,中国有8个地区已经或基本实现第一次现代化。其中,中国的香港、澳门和台湾地区已经完成第一次现代化,北京、天津和上海有9个指标达到第一次现代化标准,辽宁和广东有6个指标达到第一次现代化标准。同时,有26个地区分别有2—5个指标达到第一次现代化标准。

2001年,中国所有的地区都已经进入现代化的轨道;其中,香港和澳门已经进入第二次现代化,北京、天津、上海和台湾处于从第一次现代化向第二次现代化的过渡期。

如果按1960年到2001年现代化的年均速度计算,中国有8个省级地区有可能在15年内实现第一次现代

科学、技术与社会集

化,他们是浙江、江苏、广东、辽宁等。

内蒙古的情况怎样?我们来分析一下。内蒙古的现代化程度在全国处于中等水平。内蒙古第一次现代化完成了77%,在全国排名第18位;第二次现代化指数为30分,位于全国的第17位;综合现代化指数31分,位于全国第18位。内蒙古的医疗服务、婴儿存活率、平均预期寿命和成人识字率这4个指标已经达到了第一次现代化标准。按1980—2000年我们第一次现代化实现的速率来预测,内蒙古完成第一次现代化大约需要20—25年。也就是说,在2020年到2025年,内蒙古才能达到发达国家1960年的平均值。改革开放以来,内蒙古的进步也是很快的。在1970年的时候,内蒙古第一次现代化实现程度是46%;到2003年的时候,达到77%。

很显然,中国地区现代化非常不平衡。让我们回想一下"长江模型"。在长江模型中,从农业社会向工业社会转变是第一次现代化,从工业社会向知识社会转变是第二次现代化。中国目前的现实情况是两次现代化并存。我们的香港、澳门已经进入了第二次现代化。上海、北京,第一次现代化实现程度已经达到95%。

四、中国现代化的前景

中国现代化的前景如何呢?中国现代化的前景,受许多因素的影响。如果21世纪是一个和平的世纪,如果世界未来的现代化速度与过去50年的平均速度大致相当,如果我们未来的现代化速度与过去50年的平均速度大致相当,如果我们没有出现重大失误和挫折,那么,就可以对未来的前景进行展望。当然,展望未来,不能忘记历史。

1. 中国现代化的历史

中国的辉煌历史是18世纪以前,是农业文明时代,中国的落后史是19世纪以来,中国历史的转折点大约是1793年。为什么?1763年英国发生工业革命,30年后的1793年英国派使者访华,要求与中国通商,结果被乾隆皇帝一口拒绝。清朝采取闭关锁国的政策,1793年错失第一次工业革命扩散的机遇。在乾隆皇帝在世的时候,中国是世界上最大、最强盛的国家;当时的英国才400万人口,当时的中国号称是2亿人口。所以,乾隆皇帝根本看不上英国。而仅仅在乾隆皇帝死后100年,他的国土就被别人入侵,他的圆明园被人烧了。中国衰退为"半封建半殖民地"国家。

在1820年,中国GDP占全世界的28.7%,美国仅占2.5%;而到1913年,美国占20%,我们占12%;到1950年,我们占6.7%,美国占28%。这是按照购买力平价算的,要是按照汇率算,我们占得更少。在2003年,中国占

世界GDP的比例大约是4.7%,很低很低,根本对世界不造成什么大的影响。中国制造业在乾隆皇帝在世的时候,占世界的32%,而当时美国和西欧全加起来占不到22%。而到1900年,我们降到6.7%,西方达到78%。到1953年,我们进一步降到2.5%。我们现在是多少呢?是6%,不对世界经济构成什么大的影响。有些人说"中国威胁论",其实是一种虚构。

如果从19世纪中期(1840/1860年)算起,中国现代化的历史进程大约分为三个阶段。第一个阶段是清朝末年的现代化启动(1840/1860—1911年)。第二个阶段是民国时期的局部现代化(1912—1949年)。第三个阶段是新中国的全面现代化(1949年至今)。

2. 中国现代化的前景

中国现代化的前景是什么?相信不同人有不同理解。如果说,我们继续坚持邓小平提出的"三步走"发展战略,那么我国将在2050年前后达到世界中等发达国家水平,基本实现现代化。这是一个什么概念呢?2000年,所有的发达国家都进入了第二次现代化,所有的中等发达国家的第一次现代化都接近完成了。我们测算了一下,如果它们保持与过去40年大体持平的发展速度的话,那么,50年以后,中等发达国家将基本实现第二次现代化。

邓小平第三步战略的真实含义是什么呢？也就是说中国2050年的真正目标是什么呢？

我们认为是：在全面完成第一次现代化的基础上，基本实现第二次现代化。

如果说，从1949年到1999年的第一个50年，我们的战略目标是实现第一个现代化，那么，我们完成了76%。从2000年到2050年的第二个50年，我们将在完成第一次现代化的基础上，基本实现第二次现代化。这样才能达到2050年世界中等发达国家水平。

这就是说，我们国家的战略需要调整。那我们怎么走呢？大致有三种选择。

第一种选择，先做第一次现代化，然后再做第二次现代化。这种选择成功希望不大。

第二种选择，直接做第二次现代化，放弃第一次现代化。这种选择没有社会基础。

第三种选择，同时做第一次现代化和第二次现代化，加速从第一次现代化向第二次现代化的战略转型，这就是所谓的综合现代化，也叫现代化的运河战略（图6）。

现代化运河，是一个形象化的比喻。我来解释一下。人类文明是一条长河，这个长河可以分为四个阶段。发达国家的发展之路是一个阶段、一个阶段地走下来的，从农业社会、工业社会到知识社会，从第一次现代

科学、技术与社会集

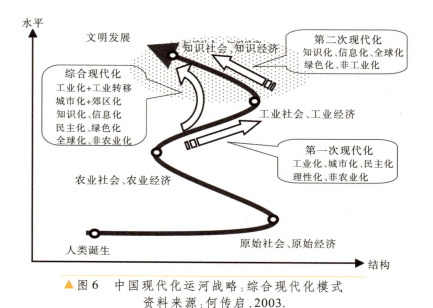

▲ 图6　中国现代化运河战略：综合现代化模式
　　资料来源：何传启，2003.

化到第二次现代化，这是一种自然的演化。目前我们处在第一次现代化的发展期，处在工业化和城市化的中期。为了迎头赶上发达国家的知识社会和第二次现代化的先进水平，沿着发达国家走过的老路是不行的，那么，怎么办？我们设想，可以在工业社会和知识社会之间、在第一次现代化和第二次现代化之间，挖出一条现代化的人工运河，开辟一条现代化的新路径，就有可能迎头赶上发达国家的先进水平。实际上是两次现代化同时做，工业化和信息化协调发展、城市化和郊区化协调发展、经济增长和环境保护协调发展、全球化和知识化协调发展,并逐步向第二次现代化转变。这样一条现代化的人工运河或者综合现代化战略,也许是所有发展中国家赶上发达国家的基本道路。

我们认为,现代化的运河战略,是中国21世纪的合理选择。

我们觉得,小平同志的第三步战略目标是有可能实现的。在2020年前后,我们能够完成第一次现代化。当然这是在保持过去20年的发展速度的前提下。在2050年前后,我们有可能达到那时的世界中等发达国家的水平。那时,世界中等发达国家的第二次现代化指数将超过80分或93分,最多不会超过160分。而我们当时可能达到106分,与那时的世界中等发达国家的平均水平持平,甚至略微超过一点。

3. 中国地区现代化的思考

中国现代化非常不平衡。那么,不同地区现代化该怎么办呢?我们的建议是这样的。

第一,要实事求是、因地制宜。我们把中国地区划分为三大片,一个是北方片,一个是南方片,一个是西部片。我们的南北分界线是淮河,东西分界线是秦岭。北方片是东北、华北沿海、黄河中游,南方片是华东沿海、华南沿海和长江中游,而西部片分为西北和西南。这三大片八大区的现代化,做法是完全不一样的,要分别进

行研究。

第二，地区现代化的目标要与时俱进。这里就不细说了。

最后，对中国现代化的发展前景作一个展望。

我们的展望是有前提条件的。第一个条件是过去200多万年形成的人类文明发展的根本规律不发生改变。第二个是世界不发生大规模的战争。第三个是假使发生世界性的战争，中国没有参与战争。第四个是假使发生世界性的战争，中国也参与战争，但是中国是真理一方，也是胜利的一方。第五个是假使未来50到100年平均发展速度跟过去50到100年平均速度持平。第六个假设是中国没有发生重大挫折和失误。

人类文明有一个核心规律，那就是文明中心的转移规律。在原始社会，人类是从非洲转移出来的，文明的中心在非洲。在农业社会，文明的发展中心在亚洲，在东亚。在工业社会，文明中心在欧洲。在知识信息社会，文明中心转移到了美洲，在北美。若这种文明的转移规律不改变的话，那就意味着22世纪将出现一个新的人类文明中心。这个人类文明中心只有三个候选者：欧洲、亚洲、非洲。

我们认为，欧洲与北美的文明比较接近，如果发生转移，欧洲可能性不大。目前，非洲的可能性还没看到，至少目前看来可能性不大。所以，22世纪人类文明中心最有竞争力的是亚洲,而且最大的可能性是出现在中国和印度之间。

我们的历史使命就是把这个历史的可能性变为历史的现实性,并为之提供理论、路径和政策的支持。目前,国内一批学者都在围绕这个问题做研究,希望能为21世纪的中华民族的伟大复兴,提供真正的符合科学的理论基础和路径选择。中国未来的前景是什么呢?

2000年,中国处于从下往上的第一颗星的位置(图7),是第一次现代化的发展期,第一次现代化实现了76%,属于初等发达国家。如果按照过去20年的平均速度测算,中国大约在2020年前后达到图中第二颗星的位置,全国平均完成第一次现代化。

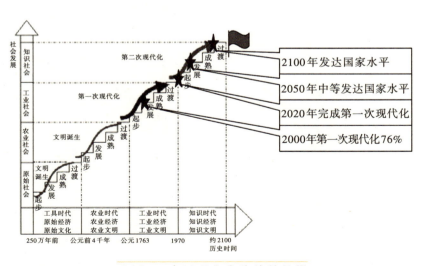

▲图7 中国现代化的前景展望

科学、技术与社会集

在2050年前后,中国将达到世界中等发达国家水平,也就是图中第三颗星的位置。

大约在2080年,中国有可能进入世界发达国家的行列。

在21世纪末,中国有可能达到世界发达国家的前列,进入到世界前10名以内,达到第四颗星的位置。

如果是这样,22世纪中国将成为人类文明的中心,至少是许多文明中心中的一个。

这有可能吗?回答是有。中国的历史是辉煌的历史,中国的人民是智慧的人民。我们相信没有什么能够阻挡中国前进的脚步,也没有什么能够限制中国的创新的动能。既然我们的祖先能够创造5000年的辉煌历史,她的后代就一定能够创造21世纪100年的灿烂未来。

发展现代农业是建设社会主义新农村的重要着力点

卢良恕

一、我国总体上正处于"以工促农、以城带乡"的新阶段
二、建设社会主义新农村是党和政府的重大战略决策
三、发展现代农业的两个重点
四、正确理解"建设社会主义新农村"
五、发展现代农业是建设社会主义新农村的重要着力点

【作者简介】卢良恕,男,汉族,浙江湖州人,1924年11月出生于上海,1953年加入中国共产党,十二届中共中央候补委员,第三、第五届全国人大代表,中国工程院院士。1947年1月毕业于金陵大学农艺系,曾任华东农科所小麦研究组组长,江苏省农科院副院长、院长。1982年调任中国农业科学院院长职务。历任中国农科院学术委员会主任、农业部科学技术委员会副主任、国务院农村发展研究中心学术委员会副主任、中国农学会会长、国家科技评奖委员会成员、国家发明奖评审委员会副主任、中国工程院副院长、中国农业与农村科学技术专家咨询委员会主任、中国农业专家咨询团主任、国家食物与营养咨询委员会主任、农业部专家咨询委员会副主任、中国农学会名誉会长、中国农科院学术委员会名誉主任等职务。

卢良恕是新中国早期的小麦育种与栽培学家,曾主持选育了"华东6号"等系列小麦优良品种。1982年到北京担任中国农业科学院院长后,由于工作需要,侧重于面向全国开展农业宏观发展战略研究,主持完成的"中国粮食与经济作物发展综合研究"、"我国中长期食物发展战略研究"两个项目获国家科技进步奖。在农业宏观研究领域,开拓了我国现代食物研究的新领域,创造性地提出了"现代集约持续农业"等重要战略观点。已发表学术论文200多篇,出版专著十余部。荣获1998年度中国工程科技奖及2001年中国老科协科技耆英奖。

发展现代农业是建设社会主义新农村的重要着力点

经过50多年的发展、特别是"十五"时期的调整和跨越,我国总体上已进入"以工促农、以城带乡"的新阶段,"三农"工作面临着更加良好的环境与机遇。发展现代农业,就是要以科学发展观为指导,加快变革传统的生产方式和经营方式;建设社会主义新农村,始终要坚持以经济建设为中心,以发展现代农业为重要着力点;发展现代农业与建设社会主义新农村本质上是统一的,两者相互促进。农村,尤其是一些农村贫困地区仍是我国经济和社会发展的难点。发展现代农业、建设社会主义新农村,是党和政府推进构建社会主义和谐社会的重大战略举措。

从党的"十六大"报告提出"建设现代农业"的重大任务以来,党中央、国务院连续出台了促进农民增加收入、提高农业综合生产能力、推进社会主义新农村建设的三个"一号文件",2006年的中央农村工作会议和全国农业工作会议,以"积极发展现代农业,扎实推进社会主义新农村建设"为主题,显示出党和政府坚定而清晰的"三农"工作思路。

一、我国总体上正处于"以工促农、以城带乡"的新阶段

在2004年召开的中央经济工作会议上,胡锦涛总书

科学、技术与社会集

记明确提出:我国现在总体上已到了以工促农、以城带乡的发展阶段。这一重要论断,对于正确定位"三农"工作地位、切实落实统筹城乡发展战略、从根本上解决好"三农"问题,已经起到非常重要的作用。

我国整体经济实力不断增强,但第一产业在国内生产总值中的比重逐步缩小。国家统计局2006年初公布的数据显示,2005年末全国财政收入已经突破3万亿元大关,我国国内生产总值超过18万亿元,人均GDP 1 700多美元;其中一、二、三产业增加值分别是22 718亿元、86 208亿元和73 395亿元,比例是12.5∶47.3∶40.2,第一产业(农业)的增加值占12.5%。

农业生产发展形势继续趋好,但城乡居民收入仍有相当差距。2006年粮食总产量预计达到4 900亿公斤,保持了粮食总产量的稳中有增,肉类和水产品产量保持快速增长态势,预计分别超过8 000万吨和5 200万吨,城乡居民食物供需基本平衡,营养水平明显提高。城乡居民收入继续保持较快增长,但2005年全国城镇居民可支配收入平均水平为10 493.03元,同比增长11.37%;而同年全国农民人均纯收入只有3 255元,实际比上年增长6.2%。

"三农"工作的相关环境日渐优化,"以工促农、以城带乡"的机制正在形成。农村城镇化进程加快,城镇化率已经超过40%;全年全社会固定资产投资增长较快,农村固定资产投资2005年增长18.0%;城乡居民储蓄存款余额2005年达到14.1万亿元,比上年末增加2.1万亿元。2005年农产品加工业产值达到4.2万亿,成为农业和农村经济发展的重要亮点,主要农产品加工转化率由2000年的30%提高到2005年的45%。

综合上述分析,目前我国国民经济增长的动力主要来自于非农产业,正在逐步实现工业反哺农业、城市支持农村的新局面,逐步实现工业与农业、城市与农村的协调发展。

二、建设社会主义新农村是党和政府的重大战略决策

党的十六届五中全会提出了"建设社会主义新农村是我国现代化进程中的重大历史任务",并从城乡统筹发展、建设现代农业、深化农村改革、发展公共事业、增加农民收入五个方面,论述了"十一五"期间我国"三农"工作的战略思路;党的十六届六中全会又提出"构建社会主义和谐社会"的战略部署,这都为新阶段我国农业、农村和农民工作的全面发展指明了方向。

建设社会主义新农村,是实施统筹城乡发展战略的现实途径。农村实行改革开放的实践,使我国农村社会经济发生了巨大变化,建国50年来"以粮为纲、解决温

饱"的以种养业为主的农业,到20世纪末发展到"总量平衡、丰年有余"的种养加、产供销、贸工农相互衔接的农业,逐步把农业的产前、产中和产后有机结合起来。目前又发展到"以工促农、以城带乡"的城乡统筹、工农协调的农业。建设社会主义新农村,为实现"以工促农、以城带乡"的统筹城乡发展战略确立可行的途径。

建设社会主义新农村,是全面建设小康社会的必然选择。中国是一个拥有13亿多人口的大国,更是一个拥有8亿左右农村人口的农业大国,在今后相当长的时期内,农村仍是几亿人的生产、生活所在地,农村社会经济的持续发展是我国全面建设小康社会的难点所在,也是不能回避的艰巨任务。就"三农"自身来看,当前仍然存在着农业基础设施薄弱、农村社会事业发展滞后、农民持续增收难度较大、经济增长方式粗放等不利因素,而且近年来出现的1亿左右的农民工转移就业问题日益受到更多关注。到2020年要实现全面小康社会的目标,扎实地推进社会主义新农村建设势在必行。

建设社会主义新农村,是加快构建社会主义和谐社会的战略需要。《"十一五"规划》中明确指出,促进社会和谐是我国发展的重要目标和必要条件,并且更加注重社会公平,使全体人民共享改革发展成果。改革开放20多年,已经基本实现了"让一部分人先富起来"的目标,如何实现由"让一部分人先富起来"向"共同富裕"、"公平发展"的转变,尤其是如何进一步解决好"三农"及农民工问题,是关系国家稳定和繁荣的战略性重大问题,任重而道远。在经过"十五"期间进一步丰富的党的"三农"工作理论、方针和政策的指导下,发展现代农业、建设社会主义新农村,对于我国的长治久安和中华民族的伟大复兴都具有重要的战略意义。

三、发展现代农业的两个重点

现代农业是继原始农业、传统农业之后的一个农业发展新阶段。现代农业以科学技术为强大支柱,随着科学技术的发展而发展,并随着现代农业科学技术的创新与突破而产生新的飞跃;现代农业以现代工业装备为物质条件,是依靠增加大量现代工业装备和现代物质投入的、开放的高效农业系统;现代农业以产业化为重要途径,随着市场经济的发展而发展,通过多种形式联合起来,实现产业化生产、一体化经营,使农业生产呈现专业化、规模化、科学化和商品化趋势;现代农业以统筹城乡经济社会发展为基本前提,通过协调工农关系、统筹城乡发展,加快传统农业改造的进程。

1. 食物安全与营养改善是现代农业发展的基本任务

尽管近年我国粮食总产量稳中有增,产需基本实现

持平，但食物数量安全的重要性仍不能淡化。农业受自然条件的影响很明显，近几年的农业丰收尽管首先是与党的支农惠农政策分不开，但与风调雨顺、没有大的自然灾害也有一定的关系。同时，我国人口基数大而且仍在增长、人均耕地少而且还在减少，因此，食物数量安全仍然不能放松。另外，城乡居民、特别是农村居民的食物消费结构还相对单一，需要进一步丰富和改善，肉蛋奶、果蔬、水产品等非粮食类的食物数量应不断增加、食物质量应不断提高，以满足城乡居民的生活和营养改善的需求。

  食物的质量与安全已经成为全球的焦点之一。既要关注有害微生物超标造成的微生物污染、农药和重金属等造成的化学污染以及其他污染所引发的食物安全问题，还要关注我国仍面临的营养缺乏与营养失衡的双重挑战，宣传营养知识、改善膳食结构，让有限的食物资源发挥更大的作用。2002年全国营养与健康调查结果显示，在我国18岁及以上居民中，估计高血压患病人数1.6亿多；糖尿病患病人数2 000多万；我国成人超重估计人数2.0亿，肥胖人数达到6 000多万；血脂异常患病人数约1.6亿；农村地区的儿童营养不良仍然比较严重。要全面贯彻实施2001年11月国务院颁布的《中国食物与营养发展纲要（2001—2010年）》，指导我国食物安全工作的发展。

2. 科技创新与应用是现代农业发展的强大支撑

发展现代农业需要科技创新与应用的支撑,深化改革现行农业科技体制是农业科技创新与应用的重要动力。我国农业科技体制改革现阶段应坚持"四个不动摇",全面安排农业科技工作,更好地多出成果、多出人才,为发展现代农业提供强大支撑。

"四个不动摇"包含四个方面:一是应坚持农业科研机构作为科技创新的主体地位不动摇;二是应坚持农业科研机构实行分类指导、以公益性为主的定位不动摇;三是应坚持基础性研究、应用性研究和开发性研究的完整体系不动摇;四是现阶段应坚持以政府投入为主体的机制不动摇。

农业科技体系建设是提高农业科技创新能力的基础保障。第一,建设国家农业科技创新体系,完善全国农业科研机构的布局,应以国家农业科研机构为主体,在科技资源整合、机构设置、人员聘任和投资建设等方面实行新的运行机制,负责全局性、方向性、关键性、基础性、战略性农业科学基础性研究、高技术开发和重大关键技术研究开发工作,同时加强同地方农业科研机构和农业高等院校的联系与合作,安排好区域科技创新中心(应按生态区域设置),尽快建成一个学科齐全、布局合理、高效运作、整体联动的全国性新型农业科技创新体系。第二,省级政府和部门所属的农业、畜牧、水产和

科学、技术与社会集

林业科研机构应逐步实行联合，重点开展应用研究、开发研究和应用基础研究，重视科技成果转化，更好地为生产发展服务。同时，应按照生态区域特点，建设好地（市）级农业科研所，面向农业和农村的实际生产问题积极有效地开展工作。第三，农业类高等院校的研究力量一般应侧重于农业应用的基础研究，并积极促进农科教的有机结合，更好地开展农业科技的创新与应用。全面推进农业科技创新体系的建设，促进现代农业加快发展。

农业科技推广体系是农业科技成果转化的重要渠道。要实现把农业科技创新成果源源不断地转化为现实生产力，必须要继续把国家农业技术推广机构即公益性农业技术推广机构作为农村科技扩散的重要力量、作为广大农民和基层干部了解农业新技术的主渠道、作为政府支持和保护农业的重要载体。

2006年6月7日召开的国务院常务会议指出，基层农业技术推广体系是实施科教兴农战略的重要载体，在推广先进适用农业新技术和新品种、防治动植物病虫害、搞好农田水利建设、提高农民素质等方面发挥了重要作用。为加快新阶段农业和农村经济发展、推进社会主义新农村建设的形势，要按照强化公益性职能、放活经营性服务的要求，加大改革力度，逐步建立起以国家农业技术推广机构为主导，农村合作经济组织为基础，农科教结合、涉农企业参与、分工协作、服务到位、充满活力的多元化基层农业技术推广体系。

为此,要改革基层农业技术推广机构,明确基层农业技术推广机构承担的公益性职能,合理设置县(区)乡农业技术推广机构,理顺管理体制。要发展社会化农业技术服务组织,积极稳妥地将可交由市场来办的一般技术推广和经营性服务分离出来,鼓励其他经济实体依法进入农业技术服务行业和领域,参与基层经营性推广服务实体的基础设施投资、建设和运营。要关注培育科技大户,并发挥其示范带头作用。要加大对基层农业技术推广体系的支持力度,保证履行公益性职能所需要的人员安排和资金供给。应关注农民专业合作经济组织的发展,它涉及的领域已经从果蔬业、畜牧业、水产业、林业,发展到农机服务、农资与农产品运输、水利等基础设施建设、手工艺品等特色资源开发等诸多方面,目前我国参与农民专业合作经济组织的农户数量已经占到全国农户总数的9.8%,农民专业合作经济组织正在成为推动农业技术成果转化的重要力量。

四、正确理解"建设社会主义新农村"

党中央对社会主义新农村建设的要求概括了5句话、20个字,即"生产发展、生活富裕、乡风文明、村容整洁、管

科学、技术与社会集

理民主"。新农村建设的20字方针,既包括了以农田、水利、科技等农业基础设施为主的产业能力建设,也包括了路、电、水、气等生活设施和教育、卫生、文化、福利保障等社会事业建设;既包括了村容村貌环境整治,也包括了乡村社会风气的转变,同时还包括了农民素质提高和以村民自治为主要内容的民主法制建设。因此,社会主义新农村建设是一个包含经济建设、政治建设、文化建设、社会建设和农村基层党组织建设的、全方位的、和谐的新农村建设。

建设社会主义新农村,要准确把握总体方向。第一,发展农村生产力是建设社会主义新农村的最基本的要求,要抓住发展农村经济这个中心任务,进一步解放和发展农村生产力,为推进农村各项建设奠定物质基础;第二,各级政府要注重统筹区域协调发展,并要多做"雪中送炭"的工作,对农村落后地区给予更多关注和支持,通过财政转移支付、项目建设、产业扶持等,重点培育农村自我发展的能力;第三,要重视推进农村的社会事业发展和农村基础设施建设,妥善解决农村居民密切关注的教育、医疗等现实问题,改善农民饮水、能源、道路、居住、通讯等条件;第四,要深化农村体制改革,稳定和完善农村土地承包制度,探索集体经济的有效实现形式,大力发展农民专业合作经济组织,继续巩固和完善农村税费体制改革、义务教育体制改革、粮食流通体制改革和农村金融体制改革,积极推进乡镇机构改革和县乡财政管理体制改革,为农业和农村经济发展、为推进社会主义新农村建设提供有效的保障。

建设社会主义新农村,要避免几个片面倾向。一是避免把新农村建设单纯地理解为"新村庄建设",即农村的村镇建设,而应该以发展农村经济为中心;二是避免把新农村建设与农村的城镇化、农村小城镇建设相互对立起来,认为建设新农村就不要搞城镇化,我们应该把建设新农村和农村的城镇化统一起来;三是避免把新农村建设当成是一句口号、一阵风,应该充分认识到社会主义新农村建设既是一个具有艰巨性、复杂性、长期性的战略任务,又需要通过一些切实可行的具体工作去逐步落实;四是避免不顾地方的实际情况和农民的承受能力,搞"普遍开花"和"一刀切",而应该科学规划、因地制宜、分类指导。

五、发展现代农业是建设社会主义新农村的重要着力点

现代农业是由传统农业演进和发展而来的一种新的发展阶段,发展现代农业侧重于农业产业的经济数量增长和增长方式优化,需要不断提高自然再生产与经济再生产的能力;建设新农村不仅要重视生产发展,而且

科学、技术与社会集

还要强调农村社区人文、生态的发展,把乡村建设成新型的农村社区,为农村居民提供越来越多村容整洁、乡风文明、管理民主的多样化生活场所。

发展现代农业是建设社会主义新农村的重要着力点,主要表现在以下三个方面:

第一,发展现代农业是实现"生产发展",提高农村生产力的重要支撑。发展现代农业,就是要加快改造传统农业,推进分散单一的种养业向产前产中产后环节相连、农产品生产加工运销一体化的产业链发展。原来大多布局在城市的农产品加工业,是现代农业产业链条的重要组成部分,逐步将其部分引导到新农村,形成专业化种养业基地和专业化农产品加工区,加上为现代农业提供技术和中间投入品的社会化服务业,这些产业集聚将大大促进新型农村居住区的发展,使农村经济在现代农业的推动下不断增长、繁荣。

第二,发展现代农业是实现"生活富裕",增加农民收入的重要来源。现代农业的方向是产业化,而农业产业化的推进,将促使集中在种植业、养殖业中的一部分农业劳动力,向农产品加工业、社会化服务业等方面转移就业。实践证明,现代农业不仅能够扩大规模,增加经营收入,还能拓展农民兼业收入和农产品加工营销等的后续收入,增加农民的工资性收入和非农收入,改善农民的收入结构。目前,我国农村居民人均纯收入中,

发展现代农业是建设社会主义新农村的重要着力点

工资性收入已由1990年的138.80元增加到2005年的1 174.53元,工资性收入占农民人均纯收入的比重逐年提高。

第三,发展现代农业是实现"田园清洁、家园清洁、水源清洁",改善农村生产、生活和生态环境的重要手段。为满足人口数量增长对食物需求的增多,人们正不断增加化学投入品的使用量,以提升基本农田、草地、森林、湖泊等农业生态系统的产出功能,但如果化学投入品使用不当,将会造成严重污染、土壤质量下降,农村景观生态遭到破坏。现代农业追求的是清洁生产、绿色产品和资源循环利用,要求控制和合理地使用化学物质,对生产、生活废弃物实行资源化处理,对农业野生资源加强保护和利用。这样,能够按照农业和农村生态系统的物质流向实行综合利用,促进人与自然的和谐共处,维护农村景观生态的美学价值及休闲旅游功能,有利于新农村的建设。

(中国农业科学院孙君茂副研究员参与撰写)

制造业发展趋势与中国制造业发展战略选择

郭重庆

- 一、中国衬衫的故事
- 二、中国应当走什么样的工业发展道路
- 三、国家创新和营销服务战略是后WTO时代中国经济增长的关键
- 四、经济全球化背景下制造业发展趋势及中国制造业发展之路
- 五、管理创新是创新的原动力,企业家是创新的主要推动力
- 六、中国制造业发展面临着前所未有的机遇与挑战

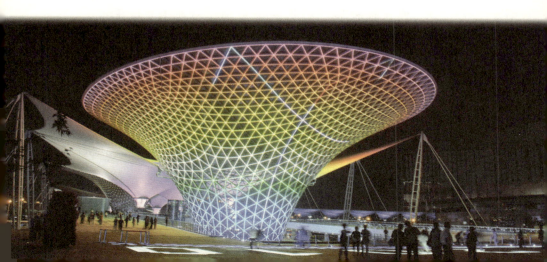

【作者简介】郭重庆,1933年6月出生。1957年毕业于哈尔滨工业大学,同济大学教授。1995年当选为中国工程院院士,历任中国工程院工程管理学部副主任、国家自然科学基金委员会管理科学部主任。

郭重庆教授从事工程设计与咨询工作40余年,曾担任世界银行第一个中国工业项目(上海机床项目)总设计师,通过最终产品的合理集中和工艺、零部件的专业化生产,实施了行业整体改组、改造。主持了我国工程咨询机构首次独立承担的世行沈阳工业改革项目的可行性研究,最早提出将企业制度的改革、生产合理化的改组及生产现代化的改造三结合同步实施的方案。曾担任30多项国家及部重点建设项目总设计师,1989年被授予"中国工程设计大师"称号,所主持项目获国家科技进步奖一项、部级科技进步奖五项,国家优秀设计金奖一项、银奖三项。

制造业发展趋势与中国制造业发展战略选择

一、中国衬衫的故事

讲故事的人是世界营销大师米尔顿·科特勒：

"一件在中国加工的Hugo Boss衬衫，在美国纽约最繁华的第五大道的Saks Fifth Avenue百货公司的零售价是120美金，在这120美金中，渠道商Saks Fifth Avenue赚了72美金（60%），名牌商Hugo Boss赚了36美金（30%），而中国的制造商只赚取了12美金（10%）。"

科特勒甚至说中国的制造商们还在打价格战，很可能只以9.6美元（8%）的报价在抢订单。

中国制造商处在商品价值链的低端，且面临着美欧不公平的贸易保护的壁垒。中国勤劳的打工妹（仔）们夜以继日地劳动所创造的财富并没有使自己富裕起来。科特勒也在提问："既然中国有能力生产出120美金一件的衬衫，为什么只能获得9.6块美金的收入？"

科特勒继而忠告："一个只关注价值中最薄弱环节的产业政策是不能支撑中国未来的经济发展的。"

二、中国应当走什么样的工业发展道路

中国应走什么样的工业发展道路，这是当前经济学界、管理层、媒体和社会公众所关注的一个热点，也是由

科学、技术与社会集

于新一轮经济高位运行和重化工业化过程加速,以及各种矛盾凸显的背景下,所引发的对我国经济与社会发展战略的思考。

1. 中国能不能绕开重化工业化的历史进程?

重化工业化进程带来的资源和环境代价使人们又堕入了前几年知识经济和新经济风靡一时时一些未来学家(如托夫勒)的浪漫遐想:中国可以绕开工业化发展阶段而直接进入信息化时代。问题就出在人们用西方先行国家后工业化发展阶段的思维方式去考量中国工业化发展阶段的问题。世界已完成工业化进程的国家人口合计7亿人,遇到了中国13亿人口挑战西方工业物质文明利益分配的逻辑和规则。不让中国这样一个人口大国分享人类工业物质文明的成果是不现实的,中国13亿人口的工业化、城市化和现代化进程是无法替代的。中国人要改善自己的生活状况,对人类和对世界都不是灾难性的,而是积极性的,相信人类的力量,以及中国人的智慧,我们不会自掘坟墓,也不会殃及别人,这20年的发展证明了中国人的能量、责任感和不断调整自己的能力。中国是无法绕开重化工业化的历史发展阶段的。

2. 中国当前重化工业热潮是如何引发的？

一种观点认为是由于只认GDP的干部考核制度；生产型增值税导致的重复建设；土地、劳力、资本等要素价格扭曲所引发的过度投资。

另一种观点认为重化工业化进程加速的原因在于进入新世纪以来中国的消费特征发生了变化：从衣食消费向住房、汽车和通讯转化；城市化进程和经济全球化进程明显加速，带动了制造业发展的加速，重化工业化特征明显，是经济社会发展的必然结果。中国经济增长之谜是国内外经济学界所关注的一个热点，区域增长竞争主导了中国经济的持续增长，过分地妖魔化地方官员是不公平的。

3. 重化工业化热潮带来了什么后果？

正面结果是：中国对世界经济和政治格局的影响愈来愈大，中国经济总量占世界经济总量的5%，对外贸易总额占世界对外贸易总额的8%，对世界经济增长和世界贸易增长的贡献率分别是11%和13%。中国因素愈来愈大，随着贸易额的扩大，我们买什么，什么就涨，我们卖什么，什么就跌。中国1.15万亿美金进出口总额的第三贸易大国的地位始料未及，连世界银行《2020年的中国》的权威预测也失水准。不经意间，中国已取代日本成为东亚经济的领头雁。从中国经济崩溃论到威胁

科学、技术与社会集

论,再到推动论,中国经济在取得20多年的高速发展后仍有一个长期趋好的预期。

重化工业化热潮的负面后果也很明显:消耗了大量不可再生的资源、能源,承受了环境污染,加剧了贸易摩擦,背负着"倾销"恶名而利润大头却不在我们手里,而又不能不面对这样的现实,因技术、品牌、营销渠道都不在我们手里,且贸易大国的地位与在国际贸易游戏规则和价格的制定中缺少话语权(如大豆、铁矿石、石油、铜……)的尴尬处境相悖。

中国面临着两难选择,但世界上尚难找到一个没有资源、能源环境约束的国家,当前我国一次能源自给率达94%,高于OECD国家的70%,2020年能源自给率也不会低于80%。

4. 对外开放是否过度了?

联合国开发计划署《1999年人类发展报告》:中国是经济全球化最大的受益者之一,对外开放的20年经济实力大增,居民收入翻番,吸引外资居世界前列。世界多数经济学家也认同这种观点,认为中国是FDI(国外直接投资)最成功的国家。

截至去年年底,我国FDI已累计达5 600亿美金,排行在世界前3或4位,余额在2 500~3 500亿美元,2004年中国实现FDI 606亿美金,居世界首位,约占世界对外投资的10%。

FDI带来了资金、技术、管理和销售渠道,对中国经济增长的贡献是不可否定的,但负面影响是对民族工业的"挤出效应","市场换技术"是一厢情愿,不要说高端产品,就连日常的洗漱用品,市场也被美国的宝洁、英国的联合利华、日本的花王和德国的汉高所席卷。

一种意见是:减少FDI,给民族工业以发展机会,短期承受GDP增长放缓、出口减少、失业增加的苦痛。

另一种意见是:中国经济不存在过度依赖对外贸易的问题,我们想占产业链的高端还没有能力、没有品牌、没有技术和现代服务业,我国只能老老实实再走10年的加工贸易的路,再为外国公司打工打上20年。2003年对外贸易存度按购买力评价(PPP)修正后仅为20%左右,低于德、美、日,FDI余额占GDP的18%,FDI占全社会固定资产投资的7.2%,均小于27%和12.2%的世界平均水平。

印度2004年FDI为80亿~90亿美金,扬言到2010年要累计达到3 000亿美金。20世纪90年代以前,FDI主要集中在工业发达国家之间的并购,在于产业的水平分工,90年代以后FDI明显地趋向发展中国家的产业转移,在于产业的垂直分工,且势头正旺,你不承接转移,别人就会承接。何去何从,是进?是退?得要有一个战略把握,关键是在经济全球化大潮中找到自己的位置

——差异化生存之道。

5. 政府干预是否过度了?

是政府主导经济,还是市场主导经济,始终是经济学界争论的一个焦点。我国主流的自由主义市场经济学者们否定国家对经济的调控作用,认为"政府的政策一定会扭曲市场资源配置,导致大量的寻租行为和腐败现象。"并且提出:"把经济发展战略提到国家宏观战略的角度,本身是否合适就是一个问题。"倡导政府只安于做"守夜人"。而东亚国家基本上是政府主导型的市场经济,并且很成功。如何把握市场和政府的作用,始终是考验中国政策决策者智慧和能力的一个重要尺度,"拉美化陷阱"(国际货币基金组织IMF自由主义市场经济主导的"华盛顿共识"所导致的恶果)的阴影始终是中国人所挥之不去的,一定程度上又加深了政府干预和自主发展的欲望。

6. 振兴中国工业的路在何方?

当前在中国工业发展战略、路径和优先发展产业选择上存在着不同的观点和价值取向:

发展战略:民族工业? 融入全球化产业链?

技术路径:自主创新? 引进技术?

优先发展产业选择:高技术产业? 比较优势产业?

迄今还没有一个取得共识的说法。民族、自主、高技术的选择肯定有诱惑力,比较煽情,但有难度。两种说法都兼顾的中性提法最稳妥,不会有争议,但指导意义不强。融入、引进和比较优势的提法人气最不足,但在企业实际操作层面上却大都走的是这条路,似乎科技界、企业界、经济学界各说各的,缺乏共识,这在中国汽车工业发展道路的争论中最为明显。

7. 中国要做"制造中心",还是"研发中心"?

"世界供应基地"、"世界工厂"的这顶帽子,考证起来,并不是中国人自己给自己的称谓,不管中国人是否乐意接受,中国已经成为世界制造业产品的采购中心。

面对这种经济格局,存在着两种不同的看法:

一种观点是"来之不易",即中国在世界制造业价值链中和全球化国际分工中的地位突显,应充分利用。中国有2亿~3亿农村剩余劳动力的转移和城市每年近1 000万人的就业压力,我们不能齐刷刷地都去搞研发。

另一种观点是"不做世界加工车间,要做世界研发中心",对"世界工厂"的提法不屑一顾,好像"世界工厂"是一顶不光彩的帽子。

科学、技术与社会集

8. 什么是"新型工业化道路"?

"新型工业化道路"是党的十六大报告中首先提出的,它给定了5个边际条件:科技含量高,经济效益好,资源消耗低,环境影响小,人力资源优势得到充分发挥。科技界强调高技术,环境学界强调可持续发展,经济学界强调比较优势,企业界强调效益。管理层如何平衡?

中国应当走什么样的工业化道路?这的确是一个需要认真把握的发展战略问题。

三、国家创新和营销服务战略是后WTO时代中国经济增长的关键

中国经济增长方式和产业结构的调整势在必行,创新能力不足、现代服务业不发育是中国经济发展的两大软肋:

1. 创新能力不强

关键技术自给率低,技术对外依赖度达50%,60%的装备需进口,发明专利只占世界总量的1.8%,中国经济发展主要靠外来关键技术和装备的支撑。

2. 现代服务业不发育

2004年中国第三产业占GDP的比重为31.8%,作为

中下等收入国家,低于世界低收入国家45%的平均水平,1991至2004年13年中,中国服务业比重非但不升,反而降低1个百分点。

3. 创新和营销服务能力的缺失,使中国企业缺乏核心竞争力

支撑中国企业生存的两个要素:一是依靠低成本劳动力优势,靠低价格竞争,缺乏资金和技术的积累。二是依靠宏观经济高速发展支持下的本土市场优势,强宏观,弱企业。资本对经济增长的贡献率高达60%~70%,但投资收益又低于资金成本,难以为继。

4. 创新路径选择不当致使科技与经济脱节

对于创新路径,各国采取了不同的选择,美国杜鲁门总统的科学顾问布什的一句名言"科学——无止境的前沿",曾左右了美国科学发展的道路。美国注重基础科学研究,涌现了不少源头创新,出了不少诺贝尔奖得主,科技实力与综合国力无人望其项背,但复制美国的模式很难。英国基础科学研究也很强,诺贝尔奖得主也比较多,但没有一个像样的产业。法、德选择了技术路线,虽然获诺贝尔奖不多,但有竞争力的产品则很多。日、韩在技术研发上下工夫,采取了"引进—消化—再创新"的模式,卓有成效。中国钦慕美国模式,依靠高校和

科研院所的成果转化，但创新的市场化基础不够，大多是技术驱动型的创新，效果甚微，而引进技术不注重消化，引进—落后—再引进，陷入依赖陷阱，所以美国道路、日韩道路都没有走通。中国的科技发展道路需要反思。

四、经济全球化背景下制造业发展趋势及中国制造业发展之路

1. 世界制造业的资源优化配置已经突破了"车间—企业—社会—国家"的界线，正在全球范围内寻求优化配置

动因是企业成本竞争所驱使，此次产业转移的推动者是跨国公司。回顾世界工业化先行国家发展的历史进程，制造模式随着世界经济发展和技术进步也在不断地发生变化，演绎了不少具有典型发展阶段特征的制造模式，制造模式沿着大规模"流水生产—精益生产—敏捷制造—全球制造"的轨迹演进，物流、资金流、信息流在全球经济一体化及信息网络化的支撑下突破国界流动，大大地促进了全球制造。

全球制造改变了世界经济的格局，这也正是"中国—世界工厂"凸现的时代背景，世界经济格局的调整及产业的转移已经成为一个事实。

有的学者描述今后若干年世界经济的格局：

可移动的商品：工业发达国家研发—发展中国家生产—世界范围内销售（而这种国际分工格局的改变，取决于发展中国家内生的研发和营销服务能力的提高，以及工业发达国家高投入、高增值的研发能力的持续能力）。

可移动的服务（软件、会计、客户服务）：转移到印度、中国。

不可移动的商品（房地产）、不可移动的服务（餐饮、理发、超市）：仍留在发达国家本土。

中国与印度，谁主本世纪沉浮？成为当前一个议论的热点，问题不在当前两者处于何种位置，重要的是，我们的邻居未来会处于何种位置？实际上这是一场全方位的竞争。经济全球化已经是一个事实，是一个客观的历史进程，任何国家都无法置身其外。事实证明：没有一个国家能够在闭关锁国的状态下生存下去，我们不可能再回到高筑墙、深挖洞的年代，全球化是不可抗拒的潮流。抗拒全球化，或屈从全球化，到头来付出的代价更大，或可能被边缘化。

中国在世界制造业产业转移中处于被动的地位，如何把消极地引资，利用廉价的土地、劳力和税收优惠赚取辛苦钱的"房东经济"，产业链短，引发不了财富效应，长骨头不长肉的经济增长方式改变为积极主动地整合

世界研发和营销渠道资源,利用自身的比较优势,进而拓展世界市场的角色调整。这是中国制造业发展的命脉,非此,中国制造业永远处于价值链的低端。

问题在于能不能实现这种角色转变? 答案是肯定的。

2. 世界制造业的价值链已经开始分解,技术和营销已经成了一个独立的商品形态

创新和营销活动已变为一种社会行为,变为一种国际化行为。在经济全球化、技术交叉化、价值链分散化、企业专业化和科技、营销资源配置社会化、国际化的趋势下,创新和营销活动很难在一个企业,甚至在一个国家内独立完成,研发商、投资商、供应商、制造商、分销及产前、产中、产后的专业服务商以及客户、政府机构、大学都是企业创新和营销链中的一员。工业文明越发展,社会职能分工程度也愈高。企业不能再走封闭的单打独斗的创新和营销老路。原本在一个企业内完成的研发、设计、制造、销售和服务的产品生产全进程,现在正被分解到多个企业中。一个企业或者一个国家不可能在整个价值链上都具有优势,市场竞争逼得它只能守住自己增值最大的一块。如生产路由器的思科抛掉了生产部分,爱立信手机生产外包,通用、福特甩掉了自己的汽车零部件生产,实施全球采购。制造业企业生产活动外置及服务外包（Outsourcing）已经形成为独立的服务业商品形态，竞争性技术也已经变成了一种独立的商品形态，后发国家没有技术也可以在世界范围内寻求独立研发商、设计商，解决自身欠缺的研发和设计能力，如沪东造船买来一个造船业界认为是代表造船顶级水平的LNG船的技术，也不失为一条发展弱势产业的道路。善于利用产品价值链的分解带来的机遇发展自己的品牌，也是一个新的经营理念，三峡70万千瓦水电机组成功地利用并集成了别人的研发资源，接长了自己的短板。

3. 制造业企业缩短产业链，专注于自身核心竞争力的提高，已成为世界制造业企业的变革趋势

制造业企业专注于自己的核心竞争力的提高已成为世界制造业企业的一个变革趋势，上世纪末席卷欧美企业的突出核心业务，突出核心竞争力的风暴正是在此时代背景下进行的。市场竞争的本质是专业化的竞争，零部件的集中生产及工艺的专业化生产以及生产活动外置和服务外包已经成为趋势，是当今制造业企业主要的变革方向，这也正应了经济学家降低交易成本的概念："市场机制总能把企业对市场的替代限制到能使社会总成本最小的程度"（诺贝尔奖得主罗纳德·科斯）。

中国制造业企业似乎尚处于样样都得有的原始扩张思维中，企业自供、自产、自销的传统一体化经营模式

仍较普遍,工业企业流动资金周转一年仅1.62次,企业流动资金贷款相当于GDP的70%,资金效率之低实属罕见,企业盈利和资金积累能力非常弱,技术创新的动力和资金支持力度不足,制造业企业的整体竞争能力较弱。

4. 生产性服务业与制造业的融合互动已经成为世界经济发展的一个趋势

制造业与服务业之间的界线越来越模糊,关系愈来愈密切,从制造业发展看,服务化趋势日益显现;从服务业发展看,生产性服务(中间投入服务),亦即研发、供应、销售服务,也就是现代服务业日益兴起。服务—工业化(Service-Industrialization)已成为一种趋势。创新—生产—营销一体化特征日益明显。

服务业的生产性服务:金融、风险投资、物流、供应链、分销、售后服务、人力资源培训、会计、税务、研发、设计、制造技术等专业中介服务成为新兴服务业,经济活动由以制造为中心日渐变为以创新与营销为中心。中国已进入产品经济向服务经济的过渡阶段。过去20年产品是稀缺资源,产品制造是整个经济价值的核心。当前,现代服务业(中间投入服务业)正在成为制造业企业提高劳动生产率和商品竞争力的关键手段。

但中国生产性服务业发展的滞后,已经成为中国制造业进一步发展的瓶颈。

5. 社会组织资本也是生产力

诺贝尔奖得主斯蒂格列茨认为:"影响一个国家和地区发展的关键因素除了物质资本、人力资本和知识以外,另一种资本是社会和组织资本,变革的速度和模式取决于这种资本的形成,国力的增长也取决于这种社会和组织资本。"中国有让世人羡慕的高储蓄率、高FDI、庞大的科技队伍、取之不竭的劳力资源,因此,中国不缺钱、劳力、科技,唯独稀缺的是社会组织资源,这是转型国家的共同点,也是中国的当务之急。国家创新系统的最初推动者Freeman认为,对国家创新系统来说,"社会能力是必不可少的,社会能力的建设比技术能力的建设更复杂。"

◆ 五、管理创新是创新的原动力,企业家是创新的主要推动力

1912年,经济学家熊彼得首次提出"创新"的概念,并将"创新"定义为"企业家对生产要素的新组合",认为"创新"是经济发展的根本动因。熊彼得的创新概念涵盖了产品、工艺、市场、组织和生产要素等五种创新形式。经典的创新案例:

科学、技术与社会集

1. 创新了一个新的生产方式

福特的大规模流水生产模式：福特按照亚当·斯密劳动分工提高劳动生产率的理论，开创了大规模流水生产模式，大大地降低了汽车成本，汽车才真正进入家庭，现代管理之父德鲁克评价这一创新对社会基础带来的变革是人类历史上前所未有的。

丰田的精益生产模式：丰田创始人丰田英二等人创立的精益生产模式一举颠覆了美国世界制造业霸主的地位，精益生产模式的核心理念"贴近客户，善待员工，低成本，零缺陷"已经变成了世界制造业企业共同追求的价值观和经营理念。

2. 创新了一个企业组织结构

通用汽车的原总裁斯隆创新了一个大企业联邦式分权的管理模式——事业部机制，平衡了企业集权和分权的利弊，挽救了通用汽车并造就了一个世界最大的工业企业，这种分权的组织结构已经成为世界现代大公司的主要管理架构。

3. 创新了一个新的直销模式

世界500强企业中最年轻的CEO戴尔成功地整合了别人的制造资源，快速响应市场，为用户量身定做个性化的PC，他没有什么我们看重的技术创新，也只是创新了一种营销方式,如果没有一个强大的供应链服务商、物流商及分销系统的贴身相助,就不会有戴尔的成功。

4. 创新了一个新的产品

Intel的原CEO摩尔的脍炙人口的摩尔定律和其日新月异的产品,再珠联璧合上比尔·盖茨的视窗系统,一举颠覆了IBM IT精英们的帝国,造就了一个全新的PC机时代,对世界信息化发展功不可没。

5. 创新了一个全新的销售服务理念

IBM刚离职的CEO郭士纳,一个IT外行,不理会IBM IT精英们的技术驱动思维,而向下顺应了IT客户们的需求,将硬件、软件、销售服务三位一体地给客户一个信息化的整体解决方案,服务商的概念油然而生。这就是创新的内涵:创新源于客户需求。

6. 创新了一个供应链方式

法国人雷诺—日产CEO戈恩·卡洛斯,人称"汽车行业的成本杀手",挽救了日产,成为工业界的一个新星,他的成功在于成本管理,突破了日本企业的配套供应的企业依存关系,创新了生产要素管理,日产翻身了,卡洛斯也出名了。

由以上案例,可得出几点结论:
1. 创新的源泉在于市场需求。
2. 企业家是创新的主要驱动力。
3. 创新不仅仅是技术创新。
4. 企业是创新的主体。

六、中国制造业发展面临着前所未有的机遇与挑战

进入新世纪以来,中国制造业已进入了新一轮需求刺激的急速扩张周期,随着城市化进程的加速,基础设施建设如火如荼,电力建设、高速公路建设、港口建设、通讯网络建设等均刷新了先行工业发达国家的增长速度和绝对增长数量,以及全球化进程的加速、国际贸易大国地位的确立等等,均刺激了重化工业化进程,天时、地利、人和给中国制造业发展带来了历史上最好的发展机遇。

中国制造业的软肋在于国有企业市场化转型的迟缓、产业升级的创新和营销能力欠缺,以及资源、能源瓶颈和环境约束,这些挑战也是史无前例的,也在挑战中国管理层和企业界的智慧和创新能力。

祝愿中国制造业发展一帆风顺!

中国近现代社会政治状况对科学技术发展的影响

秦伯益

一、古国沉沦,其谁之过
二、艰难顿挫,可鉴者多
三、迎战未来,成败在我

【作者简介】秦伯益,药理学家,江苏无锡人。1955年毕业于上海第一医学院医疗系,1959年获苏联列宁格勒小儿科医学院药理系医学副博士学位。历任军事医学科学院药理毒理研究所研究实习员、助理研究员、副研究员、副所长,军事医学科学院教授、副院长、院长、博士生导师,中国药理学会副理事长,卫生部药品审评委员会委员、西药分委员会副主任委员,国家科委发明奖评审委员会医药组评委,中国医学基金会副主席,《中国药理学报》、《中国药理学与毒理学杂志》、《中国药理学通讯》等杂志编委。长期致力于药理学与毒理学研究,取得多项成果,获得国家多次奖励。著有《新药评价概论》、《漫说科教》等。

1994年当选为中国工程院院士。

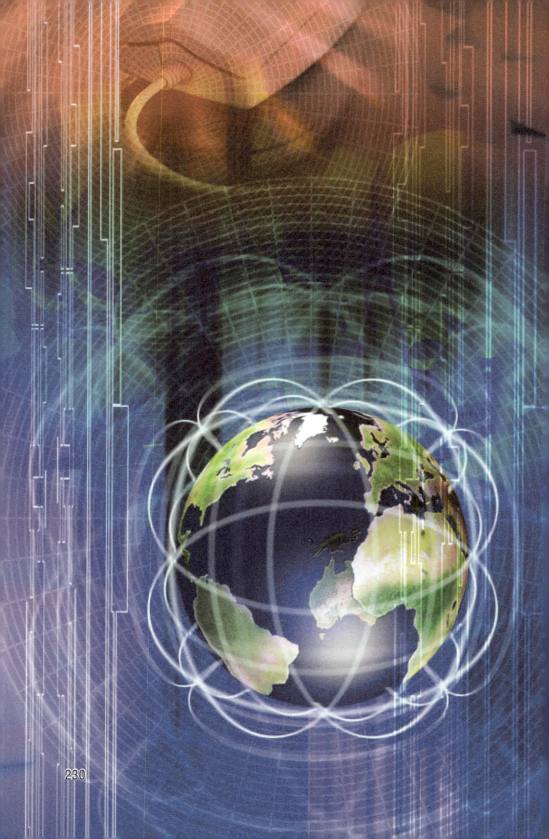

中国近现代社会政治状况对科学技术发展的影响

明清以来中国科学技术明显落后于西方发达国家。科学技术的落后不是孤立的,它是社会政治、经济、军事、思想、文化、教育、国民素质等全面落后的结果。其中以社会政治因素的影响最直接、最明显。本文拟讨论中国近现代社会政治状况对科学技术发展的影响。

一、古国沉沦,其谁之过

1644年,李自成一箭射向明皇宫承天门,崇祯皇帝自缢,明朝覆亡。这一年,东西方都在忙着各自的事情。西方,英国资产阶级革命风起云涌。东方,中国清朝封建皇族入主中原。这两件事,对后来世界和中国的影响截然相反。

人类社会经过原始社会、奴隶社会、封建社会,到17世纪,代表先进生产力发展要求的西方资产阶级逐渐形成。其中,始于1640年的英国资产阶级革命是这一历史进程中具有决定意义的事件。经过40多年流血战争,英国新兴资产阶级在1688年的"光荣革命"中推翻了封建专制制度,确立了君主立宪政体。1776年美国独立战争结束,美利坚合众国成立。1794年法国大革命胜利。在英、美、法资产阶级革命影响下,到19世纪中叶,欧洲各主要国家都完成了资产阶级革命。正是这些国家中的大多数发展成了现在的西方发达国家。资产阶级革命

除自下而上的革命斗争外,也有自上而下地由原封建统治者主动进行改革的,如1861年俄国的农奴制改革,1867—1889年间日本的明治维新。不论用什么方式走上资本主义道路的国家,经济都发展了,国家都强盛起来了。按马克思、恩格斯的话说:"资产阶级在它不到一百年的阶级统治中所创造的生产力,比过去一切世代创造的全部生产力还要多,还要大。"这一历史现象不是个别杰出人物的英雄业绩,也不是个别国家的良好机遇。这是社会发展的必然。

资产阶级革命的兴起从根本上来看是科技革命和产业革命的相互推动。恩格斯说:"科学是一种在历史上起推动作用的、革命的力量。"16、17世纪以后,以哥白尼、伽利略、牛顿为代表的大批科学家诞生,珍妮纺织机、瓦特蒸汽机和采矿、冶金等领域大批新技术的问世,促进了产业革命,解放了生产力,繁荣了经济,推动了资产阶级革命的进行。资产阶级革命的胜利又为进一步科技革命和产业革命铺平了道路。同时,金融、信贷、证券等商业运作也始终与产业革命同步发展。科技革命、产业革命和社会革命三者相互促进,相辅而行。这样一种内在机制使那一段历史时期资本主义在很多国家中顺利发展。对此,中国革命先驱者孙中山清醒地说道:"世界潮流浩浩荡荡,顺之则昌,逆之则亡"。

在同一历史时期,华夏大地上发生着什么呢?不妨

中国近现代社会政治状况对科学技术发展的影响

从明朝后期看起。中国的封建社会,不同于欧洲等国的封建社会。自秦始皇统一六国后,就不再是原来"封国土,建诸侯"意义上的封建国家了。中国是高度中央集权的封建国家。明朝从万历后期就已陷入封建王朝无法解开的死结。社会发展停滞、经济萧条、贪污腐化、阶级对立等衰败的征象——显露。当时虽有一些带资本主义萌芽性质的手工业作坊,但微弱无力,没有政治地位。明王朝最终被李自成领导的农民革命所推翻。尽管这是中国农民革命史上十分壮烈的一幕,李自成本人更是历代农民革命领袖中才华和人品出众的一位,但始料不及的是,他给中国社会的发展却帮了倒忙。因为最后取得政权的不是先进阶级的代表,而是崛起于白山黑水之间的清皇族。清皇族当时在文化和经济上都比较落后,入关后逐渐学习汉族的文化经济和治国经验,在国家体制上无疑承袭了中央集权制。当世界上很多国家已经进行资产阶级革命时,中国仍在封建帝国的自我满足中沉睡了200多年。

清朝和其他封建王朝一样,经历了开国时的由乱到治和建国后的由盛到衰。其繁盛时,就是人们津津乐道的"康乾盛世"。康、雍、乾三代皇帝励精图治,英明果断,从1662年到1795年,这133年间基本上国泰民安、经济繁荣。但支撑它的仍是旧的生产力,而不是反映新的先进生产力的科学技术和工商业。这种繁荣毕竟无法

科学、技术与社会集

克服封建主义由腐朽而衰亡的必然趋势。乾隆后期,社会已经弊端丛生。从整个中国封建主义社会形态来看,清朝是最后一个王朝,"康乾盛世"象征着封建主义国家一次次盛衰起落而最终走向消亡过程中的"回光返照"。今天回顾历史,人们不能宽宥康、雍、乾三代君主的是,他们都缺乏国际战略眼光,没有注意到西方科技革命、产业革命和社会革命的互动,没有看明白科技和工商业造就的资本主义生产力会如何影响国家的实力,如何改变人民的生活,直至改变国际格局。康熙个人虽对科学技术有兴趣,甚至亲自认真学习天文和数学等科技知识,但他始终只是将科学技术作为个人的爱好,全然没有考虑到要以科学技术来开启民智,造就人才,改变民风,增强国力。而乾隆皇帝对科学技术连一点儿兴趣都没有,把外国送来的科技产品视为"奇技淫巧",作为一般的"贡品"和"玩好"。他宁可花大量人力财力满足游乐,而不去发展科技。对外则实行彻底禁海措施,闭关锁国。而此时,西方资产阶级革命已在多国胜利,经济实力迅速增长,对外扩张的要求也日益明显。正当中国关起门来满足于"康乾盛世"时,外面的世界已很精彩,日新月异。中国由此失去了可以与西方国家在同一条起跑线上迈向现代化的时机。

创造了"盛世"的康熙、乾隆在中国历史上固然有功,但他们丧失历史机遇,就是大过。对最高统治者的功过

中国近现代社会政治状况对科学技术发展的影响

评价,主要应看他们对历史是促进,还是倒退,不以一时成败而论英雄。在这一点上,康熙、乾隆对世界大势的识见还不如彼得大帝和明治天皇。后两者懂得顺应世界潮流,变法图强。而中国皇帝脑子里的头等大事始终是巩固自己的皇位和法统。为此,他们不惜顽固坚持"重本抑末",采取种种措施遏制商业活动这一促进资本主义发展的最活跃的要素;为此,他们不惜闭关锁国,免得西风东渐,影响中国的固有秩序;为此,他们不惜施行愚民政策,大搞文字狱,实行文化专制,把知识分子的思想束缚于八股科举应试中,禁锢在古籍编纂、考订、训诂、集注等脱离现实的纯学术研究里。不尊重科学,不尊重人才,不发展民族工商业,也就失去了持续发展并向现代化国家迈进的可能。因此,"盛世"一过,接着就是"危世"、"末世"。乾隆以后,西方如日初升,中国日薄西山。到后来西方列强以坚船利炮叩击中国大门时,胜负之数,已无待卜筮。

整个19世纪,中国受尽了列强欺凌,一个个不平等条约强加在中国人民头上,民不聊生,国将不国。这段刻骨铭心的历史,至今令我炎黄子孙扼腕叹息,义愤填膺。遗憾的是,我们的思维方式总喜欢单向地谴责列强对我们的侵略,而不愿意双向地同时谴责我们自己为什么会被侵略。责人,容易自慰、自谅、自弃;责己,才能自醒、自强、自新。人类社会自从有国家以来,就有国与国

之间的矛盾、冲突和战争,从来就有强国对弱国的侵略。奴隶社会如此,封建社会如此,斯大林模式的社会主义社会也如此,资本主义社会当然不会不如此。而且由于资本主义国家生产力增长迅速,对国外市场的开拓更迫切,因此它就更是如此。侵略的对象总是弱国。日本在明治维新前也是西方列强侵略的对象。明治维新后,日本强大了,别人就不敢侵略它了,相反它却去侵略别的弱国了。道理就这么简单。晚清这段历史,从民族感情上看,是西方新兴列强对东方贫弱古国的野蛮侵略;从唯物史观角度看,是先进的资本主义对落后的封建主义的无情战胜。分析历史不会不带感情,但也不能只凭感情来分析历史。中华民族的百年耻辱不能忘却,炎黄子孙的民族感情理应尊重,但社会发展的规律毕竟无法抗拒。

二、艰难顿挫,可鉴者多

　　清王朝的败亡已成定局。问题是由谁来完成推翻千年帝制这一历史使命?推翻帝制后中国又该向何处去?

　　1850—1865年的太平天国农民起义声势浩大,波澜壮阔,再一次证明了挣扎在死亡线上的中国农民一旦动员组织起来,对旧政权有巨大的摧毁力量。不幸的是,

中国近现代社会政治状况对科学技术发展的影响

以洪秀全为首的农民起义领导集团并不具备革命领袖应有的才能和品格,致使起义走入歧途。洪秀全对当时世界发展的大趋势全然不晓,在农民起义的大潮涌起时,他没有从国外引入先进的理论和政策,更不可能引入先进的科学和技术,只能用历代农民起义的平均主义思想和口号来动员造反。他像邪教主似的杜撰自己是上帝的儿子、耶稣的兄弟,创立了拜上帝教。他靠装神弄鬼的手段摆布信徒,他自己又被更会装神弄鬼的杨秀清所摆布。起义军攻破南京,天下未定,领导集团内部的宗派思想、保守思想和安乐思想就日渐抬头,等级差别、贫富差别也逐渐拉大。普通夫妻不能同室,洪秀全等人却妻妾成群。太平天国的失败是必然的,也并不可惜。可惜的是15年征战,2 000多万人丧生。战火所及,百业萧条。起义农民对城市实施报复,商业活动被摧残。至今在山西平遥、太谷和安徽绩溪、徽州一带当年晋商、徽商活跃的地方仍能追踪到太平军对当地民族资本和地方经济所带来的负面影响。可惜的是,付出了这一切代价,除对清王朝作了一次强力冲击外,中国的社会问题一个也没能解决。就在太平天国运动失败的那年即1865年,美国南北战争胜利结束。林肯满怀信心地向世人宣称:要使这个民有、民治、民享的政府永世长存。

19世纪末,中国和日本都进行了变法维新。维新人

科学、技术与社会集

士都想影响最高统治者从上而下地推动变法图强。两国维新人士的初衷和目标大致相同,但结局却完全不一样。并不是光绪皇帝不如明治天皇开明和积极,而是中国的封建势力实在太强大。戊戌变法的失败不必过多地归咎于光绪皇帝的无力、袁世凯的叛卖、慈禧太后的顽固和维新人士的焦躁。他们各自都在中国这一特定历史舞台上真实地扮演着自己的角色。关键的问题是中国的社会发展还没有成熟,社会变革的条件还没有到位。应该肯定的是,维新人士在那期间大量介绍西方的科学技术、文化教育和政治经济等还是起到了积极作用的。

到19、20世纪之交,推翻封建帝制的历史任务终于由孙中山领导的辛亥革命完成了。但中国的封建势力根深蒂固,帝国主义又纷纷勾结中国军阀,阻挠革命。孙中山提出的政治纲领是正确的,孙中山的人格也是伟大的。但中国资产阶级当时还很弱小。辛亥革命的第二年,胜利果实就被袁世凯所篡夺。孙中山之后,背叛三民主义的恰恰就是他所信任的学生们。辛亥革命后,皇帝换成了总统,但建设资产阶级民主共和国的理想并没有实现。

对中国近代社会政治历史作如上回顾后,中国科学技术落后的问题就比较清楚了。"康乾盛世"时拒绝了科技,"康乾盛世"后又无力发展科技。科技兴则国兴,国

中国近现代社会政治状况对科学技术发展的影响

兴则科技兴。这是被无数现代化国家所证实了的客观规律,却未能在中国实现。中国古代,以四大发明为标志,科技曾是辉煌的,但到了近代却落后了。在古代,中国科学技术处于科学家自发的小规模实验探索时期,对社会政治状况的依赖较少,因此在动荡的社会中,科学家还可以关起门来,潜心钻研,做出成果。如在南北朝兵荒马乱之中,祖冲之祖孙三代人在数学上都作出了卓越的贡献。即使在近现代,这种类型的科学研究受社会政治的影响也相对小些。但近现代科学研究的主流已经不是这种方式。从小科学时代进入大科学时代以来,科学研究需要安定的社会环境、民主的政治氛围、自由的学术空间、独特的创新思维、相应的经济保障、合格的人才队伍。这一切,在那战火纷飞的年代,都是无从谈起的。中国近代科学技术的落后首先是社会、政治、经济落后的结果。世界各国的情况表明,凡社会、政治、经济进步的国家,科学技术也都相应地进步;社会、政治、经济落后的国家,科学技术也不可能单独进步。

  1921年,在灾难深重的中华大地上,诞生了中国共产党。经过28年艰苦卓绝的斗争,全国解放,中国人民站了起来,科学技术得到了长足的进步。50多年来,既取得了举世瞩目的巨大成就,也屡有失误和挫折。今天,在庆贺辉煌的胜利时,同样应该反思经历的曲折与坎坷,总结经验教训,鉴往而开来。

科学、技术与社会集

全国解放后,中国共产党执政。执政党的工作千头万绪,但首要的任务是掌舵,就是把握中国革命的历史方位,决定行止。这在解放前是比较明确的。毛泽东同志在当时很多著作中都反复阐明过。简单说来,就是中国革命要分两步走。第一步是新民主主义革命,第二步是社会主义革命。从解放后到1956年"八大",党和国家领导人把握得还是比较好的。因此各条战线都取得了很大成绩,国际地位空前提高。科学技术研究蓬勃开展,十二年规划启动,很多科研机构建立,科技队伍壮大,一派兴旺景象。但"八大"以后,我们党在对中国革命历史方位的把握上出现了分歧。是继续巩固新民主主义秩序,以经济建设为工作重心呢?还是要尽快进入社会主义,以阶级斗争为纲?这就成了而后20年国内政治斗争的焦点。现在很清楚,以经济建设为重心是对的,以阶级斗争为纲就错了。抓经济建设,国家就治;抓阶级斗争,国家就乱。这在科技战线上同样表现得非常明显。1950—1959年科技成果呈指数增长,每隔1.6年成果便翻一番;1959—1962年进入非常时期,科技成果呈困难的饱和增长;1963—1965年科技成果又呈指数增长,每隔1.4年成果翻一番;1966—1975年又进入非常时期,科技成果几乎呈零增长;1976年以后,科技成果再度进入指数增长期,增长率基本上与世界水平相近。社会政治状况对科技发展的影响在这30多年内表现得再清

中国近现代社会政治状况对科学技术发展的影响

楚不过了。尽管在以阶级斗争为纲时期,党的领导人主观上也希望多出大的科技成果,在抓科技工作上也是花了力气的,但从事科研工作的基本条件被破坏了,知识分子的积极性被打击了。要求在这样的政治环境下发展科技,无异于缘木求鱼。当十年动乱、全面内战正酣时,西方发达国家已开始了以高科技为标志的新的产业革命。差距又拉大了一截。直到1978年后,在邓小平同志领导下全面拨乱反正,才正本清源。1982年"十二大"明确提出了要建设有中国特色的社会主义。1987年"十三大"明确提出了中国还处在社会主义初级阶段,拨正了中国革命的历史方位。1992年"十四大"明确提出了要发展社会主义市场经济,1997年"十五大"明确提出了邓小平理论,中国革命的巨轮又重新在正确的历史航道上前进。

但是,习惯于"左"倾思维方式的同志认为这是倒退,认为是退到新民主主义阶段去了云云。纠正"左",容易被"左"倾观点的人视为退,因为参比点不一样。历史上纠"左",都似乎在退。欧洲文艺复兴时曾如此,我党早期纠正多次"左"倾错误时也如此。"左"了,该退就得退,还得退够。为此,我们现在对私人资本的政策,对市场经济的政策,对知识分子的政策等都有别于以往任何时期的政策,都更符合中国现阶段的社会实际。对进入社会主义的进程估计也比过去的估计长得多。改革

科学、技术与社会集

开放20多年来,中国从经济崩溃的边缘回到了繁荣昌盛的道路,科学技术迎来了新的春天。实践是检验真理的唯一标准,事实是最有说服力的。在当前社会大转型时期,各种思想异常活跃,这不奇怪。执政党的主要工作始终是掌好舵,不为"左"倾言论和思潮所干扰。一个领导13亿人口国家的执政大党,耳边有一些不同声音没有坏处。改革伊始,难免七嘴八舌,难免意见分歧。不必争论,更不必搞什么运动,批这批那。千钧之弩不为鼷鼠发机,万石之钟不以莛撞起音。改革成功了,思想自然就统一了。真正应该担忧的是我国现有上亿文盲、半文盲和上亿失业、半失业者。尤其令人不安的是,贪官污吏不绝,假冒伪劣泛滥,社会治安严峻,贫富差别拉大。因此,当务之急是应尽快提高全民族的思想道德素质和科学文化水平,以德立国;尽快完善我国的法制建设和管理机制,依法治国。

三、迎战未来,成败在我

中国在丧失了多次历史机遇后,终于警醒。打开国门一看,才发现我们过去对资本主义的认识很片面,对社会主义的认识也很片面。资本主义还远没有到"腐朽的、垂死的"时候。它通过自身的调节、改良和完善,生产力还在发展,阶级矛盾和社会矛盾也有一定程度的缓

中国近现代社会政治状况对科学技术发展的影响

和。中国的社会主义也远不是当年敲锣打鼓地就算进入了的。社会主义是科学,不是空想。生产力没有达到一定水平,物质文明和精神文明没有达到相当高度,即使自己宣称是社会主义,也是"不合格的"。如何认识资本主义发展的历史进程,如何认识社会主义发展的历史进程,如何面对当今现实,研究马克思生前还没有研究的很多问题,从而丰富和发展马克思主义,使马克思主义的理论与时俱进,这就成为当前中国共产党人的历史使命。譬如,中国改革开放20多年以来,社会阶级、阶层结构发生了深刻的变化,已不是解放初期工人、农民两个阶级和知识分子一个阶层的社会模式,而发展到了多元模式。现代化国家所具备的社会阶层,都已经在中国出现。因此,我们党和国家有关的方针政策就应该根据当前的社会实际作出相应的调整,以利于协调社会各阶层的利益,调动各阶层的积极性,团结一致地促进社会经济的稳定和发展。革命时期和建设时期的社会构成不同,目标和任务不同,方针政策也理应不同。这就需要我们在理论上和体制上不断创新,"不唯上,不唯书,只唯实"。

科学技术的进步常常以重大的思想解放运动为先导。后者带来的政治民主和学术自由是科学技术发展的必需。世界上多次科学中心的出现都伴随相应的思想解放运动而产生。如意大利是文艺复兴,英国是宗教

科学、技术与社会集

革命,法国是启蒙运动和政治革命,德国是哲学观念的变革,美国是开国后的思想解放和技术创新。科学中心不会出现在封建君王的文化专制时期,也没有出现在对领袖人物个人崇拜的年代。中国要在科学技术上有大的发展也同样需要一个思想解放过程。现在党中央提出"三个代表"的思想和马克思主义应该与时俱进的论点就为我国在新时期理论创新发出了强有力的号召,并带了个好头。广大有识之士已经预感到中国正处在一个呼唤理论创新,也必将会产生创新理论的伟大时代,这预示着中华民族的伟大觉醒。正是有了这种觉醒,才会带来中华民族的伟大复兴。

发达国家已经由农业经济,经工业经济,向知识经济发展。中国在相当长的时期内还将是农业经济、工业经济和知识经济并存的局面。发达国家从农业经济发展到工业经济主要靠科技进步,从工业经济发展到知识经济也主要靠科技进步。我国要赶上发达国家,就要靠科技更大的、跨越式的进步。否则连现有的差距尚难缩短,遑论"赶超"。因为这是从人均1 000美元向20 000美元的"赶超"。可见,科技创新何等重要!当然,从中国当前的社会需要来说,大量的工作还是应该引进国外先进技术,并加以消化、吸收、提高。不必闭门造车,事事创新。就整个科技发展而言,创新是灵魂。但并不是人人都能创新。很多工作是常规服务,应按规范保证质

中国近现代社会政治状况对科学技术发展的影响

量,并不是处处都要创新。我在这里先强调一下,这些是因为我们过去习惯于搞运动,平时惰性十足,运动一搞,就全民折腾起来。科技创新,尤其是原始创新,是很严肃的事,有严格的评价标准。要在关键的问题上,为关键的创新人才提供充足的条件,长期坚持,取得突破,而不是大轰大嗡。相反的,要防止科技创新的贬值!

科技创新要有政府的领导和支持。政府的作用是按照科技发展的自身规律来领导和管理科技,提供尽可能良好的条件,保证科学民主,贯彻百家争鸣。现代科技,不仅已发展到科技社会化,而且已发展到科技国家化和科技全球化。各国奉行科技全球化的目的是为了更好地推动经济全球化,以增强本国在国际上的竞争力。现代科技必须有政府的支持和运作,官产学一体化。但政府的作用绝不是任意干预和包办代替。政府在具体业务上的过多干预,效果历来不好。典型的例子是苏联。十月革命前,俄国在生理学和医学领域是比较先进的,曾产生过巴甫洛夫和梅奇尼柯夫等世界级科学家、诺贝尔奖获得者。十月革命后,苏联政府主观上也想尽快发展科学技术,但经常粗暴地用行政手段干预科技。支持这,反对那,强制推行一些不成熟的、有争议的理论和技术,又给另一些学术观点和思想任意扣政治帽子,进行批判。结果80多年来再也没有出现过生理学和医学领域的诺贝尔奖获得者,连有世界影响的科学家也

数不出来。而伪科学却乘机而出,迭有报道。我国一度在政治上"一边倒"的前提下,科技上也照搬过苏联的一套,教训是深刻的。

　　科技要创新,就该既兴利又除弊。很多观念需要更新,措施需要改革。譬如,科技的基础在教育,而中国古代教育和考试制度,都重在培养官吏,科技教育不在国家体制之内。现代教育有了根本改善,但应试教育总是挤掉了素质教育,官本位思想仍根深蒂固。以儒家思想为代表的传统教育也往往有碍于创新思维的培养。我们的老师、家长从小要求学生背书一字不差,答题不离标准,作文引经据典,说话循规蹈矩,处世四平八稳,办事按部就班,写诗要合格律,唱戏必遵流派。而"异想天开"、"想入非非"、"别出心裁"、"标新立异"等反映一点创新活动的词都是贬义词。这样培养出来的孩子很老实,很规矩,很本分,少年老成。但是思想受禁锢,思维不活跃。在国际竞争中,容易怯场。抓创新,要从娃娃抓起,从娃娃的教育模式和思维模式抓起。

　　近年来科技界日益浮躁。形势好的时候往往容易浮躁,而浮躁的结果,总是不好。我们曾经在政治上浮躁过,政治上付出过代价;在经济上浮躁过,经济上付出过代价。现在科技上也浮躁起来了,同样也将付出代价。科学研究中的急功近利、夸大成绩等现象已屡有发现,有的为了追名逐利,参与商业炒作,已发展到抄袭剽

中国近现代社会政治状况对科学技术发展的影响

窃、弄虚作假等学术腐败的地步。与浮躁现象密切相关的是科技评估的导向。过去不进行评估，不好；现在搞烦琐的评估，也不好。评论文、评学位、评基金、评成果、评级别、评职称、评职务、评课题、评项目、评单位、评院士，等等，没完没了。有的要一级一级逐级评，有的要一年一年逐年评，不知浪费了多少时间和经费。当然，必要的评估是有促进作用的。但烦琐评估带来的争名利、不团结、送礼金、走后门等不正之风越演越烈。科技评估应该靠社会实践的检验，长官意志、专家武断、媒体炒作都在必须改革之列。本文限于篇幅，对此未能尽言，容后另文讨论。在此，殷切希望政府积极组织专家研究，解决这些问题，匡正时弊，在为科技创新营造必要的技术平台的同时，构筑良好的精神平台和制度平台。现在，我国社会政治状况良好，"科教兴国"已成为基本国策。相信全国上下将意气风发地努力工作，在国际竞争中赢得未来。

科学精神和科学道德

黄本立

【作者简介】黄本立,光谱化学家。生于香港,原籍广东新会。厦门大学教授。1945—1949年就读于岭南大学物理系。早年创立了一种可测定包括卤素在内的微量易挥发元素的新型双电弧光源。20世纪60年代,他建立了国内第一套原子吸收光谱(AAS)装置和国内第一套钽舟无焰AAS装置。70年代以来,主要从事新光源ICP的应用及基础研究;对有机溶剂作用机理和各种进样技术进行深入研究;提出了可同时测定氢化物和非氢化物元素的新型雾化器——氢化物发生器,并获得专利;建立了多种环境样品分析方法。研究了流动注射—电化学氢化物发生技术和一些非传统氢化物发生技术,可与光谱/质谱连用。近年来,他开始研究强电流微秒脉冲供电(HCMP)空心阴极灯激发原子/离子荧光分析法,改善了多种元素的检出限。由他所研制的HCMP技术已成功地用于辉光放电飞行时间质谱仪上。

1993年当选为中国科学院院士。

科学精神和科学道德

  我今天讲的题目是科学精神和科学道德的问题。我从历史上一些事实讲起，再讲一些我们目前的情况。我们都知道，每一种游戏都有它的规则，每一个行业都有它的行规，科技界和科学界也应该是一样的，就是有它的科学道德。我们有一句老话，大家都知道，人是要有一点精神的。"五四"运动的时候，就提倡民主和科学，即所谓的"德赛"二先生。21世纪是一个科技的世纪，我们做任何事情，都要有科学的态度和科学的精神。我们现在从历史上来看，有许许多多的科学家因为坚持真理、坚持科学精神而受到迫害，或者受到不公正的待遇，他们的这种精神是值得我们学习的。苏格拉底是公元前5世纪的人，他被判了死刑，为什么呢？有两个理由：一个是他不信仰城邦的神，只信仰自己的神；第二个理由，就说他腐蚀青年，把青年教坏了，所以判他死刑了。判他死刑算是给他面子了，就是让他自杀，让他吃一种毒药来自杀，图1表现的是他临终前将要服毒的时候，他对他的门徒说：我们别离的时间已经到了，将来我们就要各走各的路，我去死，你们留下来活着，但是哪一个更好，只有上帝知道。所以他临死的时候是非常沉静、非常镇定地去面对死神的。

  我们都知道阿基米德是古希腊伟大的数学家、力学家。那时候，他的国王有一顶王冠，国王对阿基米德说：你给我看一看到底有没有掺假，但是你不能破坏我的王

253

▲ 图1　苏格拉底之死

冠。阿基米德冥思苦想，最后想出来了。据说他是在洗澡的时候想出来的，就是利用浮力和比重这个原理，判断这顶王冠到底是纯金的，还是掺杂了铜、银等其他金属在里头，而王冠却没有一点儿破坏。但是阿基米德死得很惨，他的家乡就是现在的西西里岛，当时处于古希腊城邦时代，当时罗马人从意大利半岛过来侵略他们的城邦。阿基米德当时正在很专心地研究一张图纸，却不知道罗马人已经进来了。在此之前，他设计了很多防御性设施来阻挡罗马人的入侵，但最后还是因为国家太弱小了，罗马人还是攻破城进来了。当他正在很用心、很投入地研究一张图纸时，根本不知道罗马士兵已经在他身边。那个士兵就问他："你在干什么。"他说："你不要打扰我。"结果那个士兵就把他刺死了(图2)。虽然这个士兵事先就得到过命令,不得伤害阿基米德;虽然罗马人很尊敬他,把他作为一个科学家来尊重他,但是他就这样被刺死了。

我们再来看一看哥白尼,他是波兰人。在16世纪的时候,他提出了所谓的日心说,也就是说,宇宙并不像当时教会所想象的那样,地球是中心,太阳和月亮绕着地球转,相反的,地球是绕着太阳转的。这样一种学说,现

▲图2 阿基米德之死

在大家都知道这是真实的,但在当时是不符合教会所讲的教义和他们所主张的宇宙观的,所以他虽然提出了这样一种符合事实的日心说,也没有办法把它传播出去,而且还受到宗教法庭的威胁。好在他有一个好亲戚是教会的人,才免于一死,但是教会不允许他宣传日心说。于是他偷偷地把关于日心说的书稿拿到国外,在德国发表。样书拿回来的时候,他已经是奄奄一息了。他去世以后,有很多人认为他是对的,就坚持了日心说。布鲁诺和伽利略是16世纪的人,这两个人因为支持哥白尼的日心说而受到宗教裁判。由于伽利略支持了哥白尼的日心说,天主教的教会便警告他,宗教裁判所的人对他说:"你不能再讲这个东西。"当时伽利略是用了一点策略的,好汉不吃眼前亏,他认错了,才免于一死。但是他认错了以后,回去就利用另外一种方式宣传日心说。他写了一本叫《关于两个世界体系的对话》的书,他自己作为第三者来参与两种不同学说的对话。这本书很明显地是在宣传日心说。因为这件事情,罗马教会就大发雷霆,又把他拉到宗教裁判所去审判,最后说他是利用这本书宣传日心说,把他遣返到佛罗伦萨附近,终生软禁起来,不让他出来。到了1638年,他的两只眼睛已经完全看不见了。到了1642年,他就死了。所以伽利略也是因为宣传真理而受到了迫害而死的。而布鲁诺更惨,他因为传播哥白尼所描述的宇宙观,被宗教裁判所判处死刑,当时的死刑是把他绑在柱上活活地烧死。在裁判官宣判他死刑的时候,他说了这样一段话:"我的裁判官,当你在宣判我的死刑的时候,也许你比我接受它的时候更为恐惧,因为我说的是真理。"

我们知道,布鲁诺他们所坚持的和宣传的是科学的真理,所对抗的是中世纪的愚昧和反动。刚才我讲的都是欧洲中世纪的愚昧和偏见,但是到了近代,这些愚昧和偏见还在制造着悲剧。奥地利有位科学家叫波兹曼(Ludwig Edward Boltzmann)教授,他建立了统计热力学理论,但当时他在维也纳受到他的很多同事们和同行们的讽刺和奚落,认为他是胡说八道。整整折腾了十年,他最后承受不了,就自杀了,这是非常可惜的。现在离开他的热力学理论,我们很多科学都进展不了,这是他的伟大的贡献。20世纪以来,种族主义、反共政权和美国的麦卡锡主义,对科学家的迫害也是众所周知的。比如说爱因斯坦在德国,在20世纪20年代和30年代初,就受到德国排斥犹太人者的迫害。他后来被迫到了美国。从在美国教书的时候开始,一直到20世纪50年代他去世的时候,他还是被美国怀疑为前苏联间谍,被认为是一个"左"倾分子而监视起来,到死时都还受到美国联邦调查局的迫害,虽然他是诺贝尔奖金获得者。这是最近才揭露出来的一些历史事实。事实上,他是一个伟大的和平主义者,是一位很有良心的科学家。他曾经发

科学、技术与社会集

现了 $E=mc^2$ 这样一个著名的公式,即能量和物质之间转换的公式,原子弹、氢弹、中子弹就是基于他的原理而做出来的。同时,爱因斯坦又是一个和平主义者。他在"二战"后期,曾经写过一封信给美国总统,希望美国政府能够利用他的 $E=mc^2$ 的原理,来制造原子弹。但是后来真正到了原子弹爆炸以后,他良心发现了,他认为这件事情的的确确对人类来说是一个悲剧,于是又要求禁止原子弹的研制。但是谈何容易,到目前为止,仍然有人手里挥舞着原子弹成天向我们恐吓。出现这样一种情况,的确是他没有想到的。另外,在美国制造原子弹的科学家,像奥本海默,也是受到美国联邦调查局(FBI)的迫害,甚至最后被解雇了,理由是他的前妻的前夫是一个共产主义者,把一些莫须有的罪名都加在他的身上。而更近一点儿的科学家就是李文和,他在美国国家实验室工作,尽管他是一个美籍华人,但还是被怀疑为间谍,最后甚至被监禁了,他比奥本海默更惨。像这些例子都是20世纪所发生的对科学家的迫害事件。

在我们中国的科技界,有一些老一辈的德才兼备的优秀科学家,为了发展祖国的科学技术,服从国家的需要,到几乎与世隔绝的基地去工作。其中有一些人离开了自己心爱的科研工作,走上了科技领导的岗位。有很多这样的科学家,他们也作出了十分重大的贡献。他们当中有一些人虽然到了耄耋之年,到了七八十岁、八九十岁了,仍然十分关心祖国的科技工作、科技事业的发展,并提出了很多很重要的建议和倡议。比如说"863"计划,是老科学家们提出来的;发展科学仪器研制,是王大珩等20多位院士提出来的倡议……这些都是很值得我们学习的。还有更多的科学人员在不同的岗位上,忘我地、勤奋地工作着,为祖国作出了或大或小的贡献。他们中间有很多人是在很艰苦的条件下坚持工作的。他们不计名,不计利,吃的是草,挤出来的是奶。有一些人甚至牺牲了自己的生命,成了无名英雄。

我们特别要提出来的是,国防科技工作者在当时得到的待遇是微不足道的。刚改革开放的时候,有这样一句话:造原子弹的,不如卖茶叶蛋的。但是他们从不计较这些东西,他们还是一如既往、全心全意地去做他们自己的科研工作。像吴运铎、陈景润、蒋筑英及最近的胡可心等同志,都是我们学习的榜样。我记得美国在开发西部的时候,有一句非常有名的口号,就是"年轻人,到西部去"。我们现在要开发大西部,同样,我们的祖国也发出了这样一个号召:年轻人,到西部去。当然,我也不希望在座的这么多年轻人都到西部去,有条件的年轻人,我觉得应该考虑这个问题。事物总是两面的,在科学技术界和教育界,也的的确确有少数的败类。比如说我们国内就有很多伪科学,像水变油啦、伪气功啦,在广东发功、在北京就能够看到水分子的变化啦,这些都是

科学、技术与社会集

骗人的东西。还有法轮功,更不用说了,它是一个邪教。

由于近年来在各种媒体上出现了不少关于科技界的抄袭、弄虚作假、歪曲或者隐瞒事实等事例,我觉得有必要提醒年轻的同学们或者科技人员,什么是可以做的,什么是应该有禁忌的。我在这里谈谈个人的想法,给我印象很深的,就是差不多两三年以前,美国有一本很有名的杂志叫《科学》(Science),现在我们的科技人员都以能够在上面发表文章为骄傲。就是这么一家权威的杂志,在2000年8月份的时候发表过一篇由编辑写的社论,唐纳德·肯尼迪(Donald Kennedy)是该杂志的主编。迈克尔·利伯(Michael Lieber)是一位美国科学家,他和他的同事们宣布撤回他的一篇关于RNA、DNA的文章,因为文章的作者承认自己更改了一些记录和其他的一些数据。当时这篇文章发表了以后,科技界非常重视,《科学》杂志甚至组织了两篇文章来评论它,当时大家都认为该文章了不起,结果它却是一个货真价实的假货。一般的第一作者都是年轻人,或者是博士后,或者是研究生。他可能是被迫承认自己做了手脚,所以就撤回了这篇文章。我非常赞赏利伯(Lieber)教授的勇气,他有勇气把自己已经发表的文章撤回,也很值得敬佩。肯尼迪主编说,最近发生在欧洲的一些事件表明,学术造假是一个国际性的问题,不仅仅是在美国。这篇社论也很快被翻译成中文,当年8月份发表在中国科学院的

科学精神和科学道德

《科学时报》上。日本也有类似的情况,我们在报纸上看到日本有一个东北旧石器文化研究所,原来的副理事长藤村新一参与了40多处遗址造假,这个人造假持续了20年,其行为是很惊人的。除了这些造假外,还有一些包装,情况虽然没有那么严重,但其危害性还是很大的。现在什么都讲包装,我记得在《韩非子》里有一篇叫"买椟还珠"的故事。故事的大致内容是:一个楚国人有一个很好的夜明珠,他用一只非常漂亮的木盒装着它,这只木盒还熏过香料,配一些很漂亮的羽毛、宝石等,拿到郑国去卖。结果一个郑国人,一看盒子这么漂亮,就把它买下了,他就要这只木盒,然后把夜明珠还给了楚国人。这个故事是说那个郑国人不识货,买了椟却还了珠,其实珠比椟要贵得多。我们现在若处在这种情况下,就有问题了。你看外表很漂亮的一只椟,里面装的是什么,是珠吗?不见得!我们中秋节买月饼的时候,到底是月饼贵,还是包装贵,很难说。在科技界也有这样的情况:一些东西,一项成果,或者是所谓的成果,经过包装,似乎很了不起,什么世界第一呀,国内首创呀,实际上是什么东西呢,不过是一只高尔夫球而已。可见,包装也是我们目前社会上存在的一个很严重的问题。在科技界,这样的事情会出大问题的。包装,就是要吹,怎么样吹,一直到吹破为止。有一些人就希望往自己的脸上贴金,希望把自己打扮成神的样子,实在不

科学、技术与社会集

能成神的,做一个小罗汉也不错。所以造假证件的现象就遍地都是了。我们城市的街头天天贴那些小广告,天天都有新的小广告出现,可见造假证件的生意还是很兴隆的,为什么呢?就是有人想用假文凭、假证件来给自己贴金。我们在报纸上看到的美国奥委会主席鲍尔文女士,她就是因为学历被人家揭出来是假的,所以不得不辞职。还好,她还算有一点儿羞耻之心。我们中国有一些人,明明知道自己是假的,被揭穿后一跑了之,什么也不管。所以我说,假如我们做错了事的话,要知耻近乎勇,要承认自己错了,这是需要勇气的。过而能改,善莫大焉,知错就好。所以我觉得,我们中国人特别是年轻人在这方面应该吸取一些教训。我们科技界要讲究科研道德,不要犯刚才讲的这些错误。但是我觉得,错误到了一定程度的时候,单单讲道德的约束力就不够了,要用法律手段,要绳之以法。陈毅元帅有一首诗讲过:莫伸手,伸手必被抓。我觉得德治要和法治相结合。我自己在上大学的时候,也有过这样的情况:我和一位同学一起做习题,两个人都是半桶水,一起做,一起商量,犯错都是犯同样的错,结果被老师发现了,他就写了批语:我现在不给你们打分,除非我知道,你们谁抄谁的,结果我们两个人都去承认错误了,我们不是谁抄谁的,我们是一起做的题,是互相抄的。所以我希望同学们自己做题,好好做题,不要抄人家的。做科学研究或

科学精神和科学道德

者做一些科技工作,甚至做其他的工作,要避免浮躁的心理。做学问,就要踏踏实实、实事求是,来不得半点虚假,这就是科学的精神。做科学研究,要坐得住冷板凳,不要急功近利、马马虎虎、信口开河,往自己脸上贴金,甚至无中生有,铤而走险,去抄袭剽窃,这些都是要不得的。我这里举一个例子,在国外发生了跟咱们有关系的一桩案件,就是辽宁古盗鸟事件。辽宁西部出土了很多化石,其中有不少恐龙化石。有一个老农,为了把化石卖个好价钱,就把两块化石接到一起,其中一块是古盗鸟,另一块是驰龙的一只尾巴。这只尾巴是一个小恐龙的尾巴,而身躯是古盗鸟的。当时在古生物界就有人说,恐龙和鸟是生物进化的两个不同的阶段,但是怎么也没有找到一个实物来证明。这样一块拼凑起来的化石,两个部分虽然都是真的,但拼凑起来就成了一个假货,结果这块被拼凑起来的化石被美国犹他州私立恐龙博物馆的一个馆长看到了。这一下机会来了。他想:我拿到这块化石,马上就可以出名。接下来,他跟老农讨价还价,最后以5万美金成交。买假化石不要紧,拿来玩玩算了,可这个馆长却组织一帮人大张旗鼓地炒作。他找到了美国一家很有名的杂志叫《国家地理杂志》,该杂志有一个搞美工的编辑,也是一个不学无术之辈,他也认为机会来了,就跟馆长同流合污炒作起来了。他们最后搞了很漂亮的一期杂志,拿出相当大的篇幅来讲古盗

科学、技术与社会集

鸟化石的事情(图3)。但是假的就是假的,这件事情后来被中国古生物研究所的一个在读博士生识破。他看来看去,认为这块化石是假的,是拼凑起来的。为什么这样说呢?因为化石一般都是两层,一分开就是两个,像照镜子一样,是左右对称的。他发现了另外一块化石,更确信这块是假的,他说:"虽然我不愿意相信,但是这块古盗鸟化石看来是拼凑起来的,就是一只驰龙的尾巴接在了一只鸟的身上。我们先不说到底鸟和恐龙之间的过渡是怎样形成的,但是这一块化石是假的。"这样,古盗鸟化石事件就被中国一个30岁不到的学生给揭穿了。这是一个国际大玩笑,这种情况就是浮躁的结果,是想出名所引发开来的笑话。

▼ 图3　古盗鸟事件

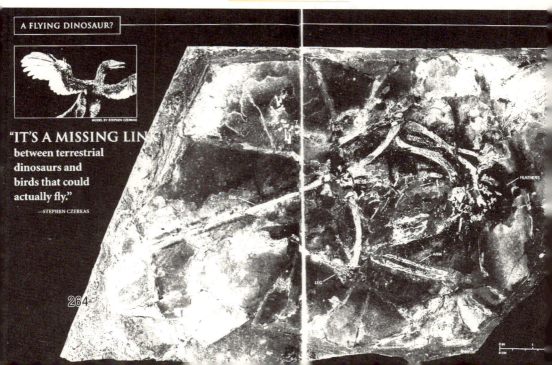

科学精神和科学道德

中国科学院非常重视加强科学道德和学风建设,在很早的时候就成立了科学道德建设委员会。它要求院士们要加强自律意识,率先垂范,以模范行动来影响和带动全国科技界。我们在2002年2月份发表了《中国科学院院士科学道德纪律准则》,总共有十条。在此之前,我在两年前就做过一个报告,其中提到了所谓的"十戒"。我们知道,基督教里有"十戒"之说,我现在说出科学上的"十戒"的第一条:莫作恶,莫抄袭,莫剽窃。不要大肆造假,不要隐瞒自己的缺点和别人的贡献,不要把自己的小发现、小贡献在那里大炒作,不要浮夸,不要吹牛,不要杜撰,不要无中生有,不要沾光。明明不是你的工作,你就不要伸手,不要硬把自己的名字贴上去,甚至进行学术行贿或者受贿,搞学术腐败。我想,中国科学院道德建设委员会就是体会到咱们国家的科技界的的确确有一些问题,所以制定了科学道德纪律的准则。另外一个问题倒不一定是学术造假问题,而是崇拜偶像现象,这种情况也是年轻人要特别注意的。对于一些权威,或者是神明般的人物盲目崇拜,轻易地、不假思索地对他们的言行深信不疑,是一些年轻学生们、年轻的科学工作者甚至少数教授们的一种通病。事实上,谁都有错,人无完人,智者千虑,必有一失。亚里士多德曾经有这样一句名言:"吾爱吾师,吾尤爱真理。"其实,所谓神是人造出来的。现在还有好多年轻人崇拜歌星,成了追

科学、技术与社会集

星族,我看大可不必。省掉那些钱,省掉那种精力,好好念书不更好吗?当然我们提出来反对崇拜偶像,并不是等于不尊重领导。不要一说反对崇拜偶像,那什么都是自己说了算,领导、老师说的就不算,这不行。"吾尤爱真理"并不等于不尊师重道。实践是检验真理的唯一标准,是真是假必须通过实践来检验。2000年诺贝尔经济学奖获得者詹姆斯·赫克曼博士来中国,曾经说过这样的话:权威的最大危险是没有人挑战。德国在"二战"的时候要做导弹,但是因为领导做导弹的人听不进别人的话,一意孤行,所以犯了很多错误,花了很多钱,还是没有做出来,但美国当时已经做出来了。赫克曼又接着说:"中国和德国在这一点上有太多相似的地方了,非常不愿意批判权威,权威不愿意接受批判,这就完了,大家都不说话了。在我看来,挑战才是人生的真谛。"我觉得他说的这段话是非常有道理的。

我们再来看一看历史。伽利略反对的权威是谁呢?是亚里士多德!当时在希腊,亚里士多德简直就是一个圣人。人们的一句口头禅是:亚里士多德说的。明知道你是对的,他也说你可能是对的,但是如果亚里士多德不是这样说的,你就完蛋了。伽利略就敢于挑战权威,因为根据亚里士多德的理论,自由落体的东西掉下来的时候,其下落速度是跟重量有关系的,即一个重一点儿的球要下落得快一点,一个轻一点儿的球下落得要

科学精神和科学道德

慢一点,这是亚里士多德的理论。但是伽利略经过思考,认为事实不是这样的。他认为,这主要是因为空气的阻力等原因造成的。他对他的学生说,同样的两张纸,重量是一样的,假如把两张纸一起放下的话,两张纸都同时落下来;假如把一张纸捏成团,而另一张纸张开,两张纸落下来的时候,那一团纸就先到地上,而那张张开的纸还在空中飘,要是不信的话,你到比萨斜塔上去试一试。我们知道,意大利比萨有一个斜塔,伽利略当时在比萨大学做数学教授。你把两只不同大小的球,铅球也好,铁球也好,从比萨斜塔顶上抛下来的时候,你看一看哪一个先落下来,结果是两个球同时落下来。也有人说伽利略自己没有做这个实验,他只是给学生们说了,他的学生验证了他的结论。这样,他就成了一个象征,一个向权威挑战的象征,这在当时可不得了,结果他在1589年受聘为比萨大学数学教授,到了1592年这件事情出来以后,就被解聘了。亚里士多德虽然去世已经很久了,但他那些残余的影响使得伽利略失去了数学教授的职务,这是一个很有名的例子。

还有一个例子:托马斯·杨是一个物理学家,他认为光是一种波动,有它的波长,红光波长长,蓝光波长短。他这种学说是经过很多很多的实验做出来的,不是冥思苦想出来的,但就算是有实验作为根据的理论,当时也得不到人们的认同。因为牛顿认为光是粒子,一粒一粒

科学、技术与社会集

的,所以大家没有同意他的说法。于是他就说:"尽管我仰慕牛顿的大名,但我不认为他是万无一失的,我遗憾地看到他也会弄错,他的权威(因为牛顿是一个科学巨人),也许有的时候甚至阻碍了科学的进步。"我们知道,牛顿用三棱镜做实验,证明了白光是由红、橙、黄、绿、青、蓝、紫组成的,他的实验做得很漂亮。当然,最近我们发现这样一个实验,在牛顿做这个实验之前20年,有一个捷克人已经做过,这也是有历史根据的。但不管怎么说,牛顿是科学巨人,是科学权威,他说的话,即使说错了,人家也跟着他走。他曾说过一句话,是自己打自己的嘴巴。他说,所有的光,不管是什么颜色,它的折射率都是一样的。如果这样说的话,他的实验根本就做不成,白光分不出红、橙、黄、绿、青、蓝、紫,如果折射率都是一样的,它应该是结到一个点,而不是散开的,就是这样一个明显的错误,他也没有发现。智者千虑,必有一失。所以并不是说伟大的科学家说的东西就是对的。当然,我们知道,牛顿的粒子说也对,托马斯·杨的波动说也对,光是粒子用波动的形式在运动着的。这件事情让我们认识到,看问题要看到它的两面性,就像看一个硬币的两面一样。

  还有一些问题是比较专门的问题,像光谱仪的设计问题。1889年,有一位年轻的科学家赫尔曼·艾伯特(Hermann Ebert)提出来,认为这个设计得很好,结果有一个光谱学的权威专家叫凯塞(Kayser)，写了一本《光谱学大全》，书中认为这个设计这儿不好，那儿不好，像这面镜子怎么这么大了，那个怎么做错了，等等。结果就把这个设计毙了，一直毙了50年。最后一直到1952年，才被美国一位年轻人重新挖掘出来。这位年轻人认为这个设计很好，并指出来为什么好，而凯塞(Kayser)则有几点忽略了，他把设计图也抄错了。最后，这位年轻人提出了一个"Ebert Fastie"设计方案，这个设计方案从1955年起，就有人把它转化成商品，一直用到现在。咱们中国也仿照它。可见，权威也好，或者是有资历的人也好，说话要特别注意。

以上这些例子，不过是冰山一角而已，冰山底下没有露出的，没有浮出水面的例子还很多。中国科学院在其机关报《科学时报》上也经常有这样一些文章，比如说余国琮先生、周恒先生提了，但院士要有勇气接受监督。何祚庥先生也说，科技人员必须要自重自律。所以权威人士（包括老师在内）在发表评论的时候，是不是可以宽容一些，不要一下子把一大帮人打倒。在发表意见的时候，也要慎重一些。

还有，我想讲一讲关于写文章的事情，大学生可能就要开始写论文了，小学生要写作文，中学生也要写作文，我们说"文章千古事"，文章发表出来，那个刊登文章的印刷纸可以放很久的。有时候，不是我们所能够想象

科学、技术与社会集

到的,所以我们写科学论文特别要注意宁缺毋滥,不要滥竽充数。白纸黑字,一旦流传出去,你要改正的话,相当困难,但是一旦发现有错误,一定要改,要更正。我就经历过这样一件事情:1981年,我在国外的杂志上发表了一篇文章,因为当时我的研究生搞了一个数据,误差太大了,在统计的时候,应该把它撇掉,但他没有,他认为这样可能更客观点儿,结果算错了。五年后我发现了,提出要更正,那家杂志的主编说:"好样的。"他很赞赏我,就给我登了更正。所以你一旦有错,一定要改正,这既是对读者负责,也是对自己负责。不要把一篇文章分成三篇来写,我们每发表一篇文章,要有足够的分量,才能发表。你制造次品所用的时间是少得多了,费的工夫也简单得多了,而且很多时候不容易被人家发现,但是到了该遭受报复的时候,已经晚了。就像比萨斜塔,为什么会倾斜?主要就是设计方面的原因。设计者对当时比萨斜塔底下的地质情况不了解,结果建成的塔不久就倾斜了。而且后来又用错误的办法更正它,怎么办呢?这里倾斜了,不行不行,在这里多摞几块砖,希望把它弄正;那里低了的话,就把它弄平。但它不是砖,它是石头,这样一来,它就更重了,沉得更厉害,结果倾斜得越来越厉害了。实际上,你仔细看这个斜塔,它是弯的,就是因为当时的工匠越做越错,就成了今天这样一种情况,到现在,全世界投标设计方案,就是怎样让它不要再倾斜下去了,所以这件事情就有一点晚了。

我想把胡可心同志讲的一段话献给大家。他说:"我们从此将生命献给祖国,我们将在自己的工作岗位上,以共产党员的负责精神,踏踏实实地工作,为实现中华民族的伟大复兴,为在21世纪把祖国建设成一个强大的祖国施展抱负。"我觉得这是一个年轻人应该有的抱负。

当代科学的发展及其对中国科技的启示

何祚庥

一、科技和市场
二、科技和生产力
三、科技和精神生产力
四、科技和保护环境
五、自然科学和社会科学

【作者简介】何祚庥,粒子物理、理论物理学家。1927年生于上海,1947年加入中国共产党,1951年毕业于清华大学。中国科学院理论物理研究所研究员。主要从事理论物理学、科学史、自然辩证法、哲学、政治经济学等方面的科学研究,并取得多项重要成果。在物理学方面,何祚庥教授对弱相互作用特别是μ俘获问题作了深入研究,发现了一系列新的选择法则;首次提出Chew-Mandelstam推导的方程有严重错误;对层子模型进行了合作研究,并建立了一个复合粒子量子场论的新体系。在科学史、自然辩证法、哲学、政治经济学等方面，着重探讨了粒子物理研究中有关马列主义哲学的问题。

近年来，何祚庥教授又转向宇宙论、暗物质问题的研究，先后探讨了中微子质量问题、粒子的可分性、场的可分性、真空的物质性、宇宙有无开端、宇宙大爆炸从何而来、量子力学的测量过程是否必须有主观介入等问题，澄清了对这些问题认识上的一些模糊观念。他在教育经费、科技政策、社会经济、和平与裁军等问题的研究方面也取得重要成果。他曾当选为全国第八、九届全国政协委员。1980年当选为中国科学院院士(学部委员)。

当代科学的发展及其对中国科技的启示

　　最近大家谈科教兴国,所以需要讨论一下科学、技术、教育、文化的发展跟我们国家的关系。我们首先讲一下当代科学技术的发展有哪些特点,然后根据这些特点来观察中国存在什么样的问题。最后我再给各位讲一点具体的问题。

一、科技和市场

　　观察科技的发展离不开对社会经济发展的观察,所以观察当代科技发展就不可能离开市场。为什么讨论科技首先谈市场问题?因为市场的确是推动科技前进的重要动力。那么当代市场有哪些特点呢?这个市场既包括国际市场,也包括国内市场。我们现在国内的市场正在扩大,国际的市场也正在扩大,这是个特点。而且世界即将统一为整体的市场,市场是不能分割的。过去是两个平行市场,一个是社会主义市场,一个是资本主义市场,现在就是一个市场。那么,观察这个市场经济就牵扯到一个概念,即来自市场的需求是些什么。如果具体地分析一下当前的市场需求,那么从国际范围来说,就不能不面临一个事实。这个事实就是,世界范围的南北差距越来越大。或者说是富人越来越富,贫穷者越来越贫穷。发达国家和落后国家的差距正在扩大,这叫做南北差距问题。所以联合国现在提出来,世界性的

科学、技术与社会集

贫富差距扩大不是一件好事情,不利于稳定。那么贫富差距拉大反映出市场怎么样呢?你不能否认一个事实就是,富裕者的需求占据了市场的主导地位。新中国成立初期,大家都学习过一种理论,叫做科学为人民服务。什么叫做为人民服务呢?首先是为工农兵服务,因为工农兵的要求是物美价廉,一些高消费的措施就认为那是富裕人的事情,可以不必去做,至少主要是为工农兵服务。现在为人民服务还要转到为市场服务,而为市场服务的实质就是富裕阶层的要求比较高。那么这和为人民服务能不能统一?这件事情要从某些表面现象来讲是不能统一的,从根本点来讲是应该可以统一的。今天我们要向国际市场进军,需要提高国际市场的占有额,并利用在国际市场当中取得的利润、资金来为我们国内广大的劳动者服务。在这个意义上来讲可以说是统一的。你不能说因为国际市场的需求都是富裕者的需求,这件事情就不干。我们所讲的满足市场需求应该用为人民服务的思想去统帅这种为市场服务。因为市场是要加以分析的,有的市场需求对老百姓是有害的,这种要求就不应该去满足,或者应该压制它。所以,一方面要看到科技工作为市场而工作,尽可能满足市场的需求,另一方面要看到,还有个根本的原则就是为人民服务,在一定范围内来制约市场的需求,我这话讲得太抽象,我给各位举几个例子。按照我的了解,美国人的医疗费用的支出是很高的，它占国民生产总值的12%（作者新注：这是1990年的数据，新的资料表明，这一支出已上升到国民生产总值的18%），这是好大一笔开支。美国的国民生产总值差不多10倍于中国的国民生产总值，也就是说，这相当于中国全部生产的费用都拿出来做美国的医疗费用了。美国的医疗费用是很浪费的，美国人自己说，瑞士只用国民生产总值的4%就取得了同等的保健效果，所以美国人自己觉得很浪费。可是这件事情是人家的事情，我们管不着，也影响不了美国人，但是它本身反映了美国的医疗市场之大。这个市场完全值得我们中国人去占领。这个占领就是现代化的医疗仪器，叫做高技术。我告诉各位，我们高技术的产品一定竞争得过国外。并不是我们的技术特别高超，而是劳动力特别便宜，包括高技术的劳动力也比较便宜，因此我们的成本总是便宜的。高技术的产品除了有一些技术含量之外，大量的还是装配行业。装配要有一定的技术，我们都是完全能解决的。所以如果医疗卫生部门跟我们物理学家通力合作，把现代化的医疗器械生产出来，一方面要推到国际市场去，另一方面，将来老百姓的要求也是要提高的。所以在这个意义上讲，这是个很有前途的事情。

但是还有一方面是，对市场也要分析，比如说我们国内的确有一部分老百姓爱抽大烟，那么这类市场需求

就不能满足，要压制。因为我们是社会主义市场经济。请注意这里还有社会主义四个字！我们的头脑还要有点儿分析，不能盲目地跟着市场需求走。

二、科技和生产力

我想说的第二个问题是科学技术离不开生产力的发展。生产力的发展有一个总的趋势就是，生产力越来越社会化。

为什么现在喜欢用市场经济来组织社会化大生产？并不是说计划经济难以组织起大生产，计划是都做得到的。那么为什么计划经济要转变为市场经济？因为计划经济有一个本质的弱点，就是对市场的需求难以估算。比如人们穿衣服有穿红的，有穿绿的，有穿蓝的，有穿白的，这类的需求就很难估算。而你今天喜欢穿红的，明天一看社会上时兴了绿的，于是大家都去买绿的，市场的变化非常之大。市场的好处就是能够使得对需求的估算比较接近，就能减少生产和消费的脱节。这就是我讲为什么要从计划经济转变为市场经济的根本原因。选择计划或者市场这件事情跟制度是没有关系的，跟社会主义和资本主义是没有关系的。某种意义上讲这是组织社会化大生产的不同的方式。所谓市场无非就是物质交换、信息交换，这样就不仅能够发挥中央领导的积极性,而且能够发挥基层的积极性,使得消费和市场的配合会更好。不过市场也有弱点,它的弱点就是可能对当前的需求反应得灵敏一点,而对长期的需求反应得不够灵敏。所以还要补充一点就是中央统一的宏观调控。但是,总的来讲,我们所理解的社会化大生产是通过市场来联系的这样一种大生产。还要看到,生产的社会化不仅要摆脱一个县、一个地区的范围,甚至要超出一个国家、一个民族。我讲一个非常鲜明的例子。大家知道20世纪70年代末期,冶金部要在上海办宝钢。那个时候跟现在的气氛是不一样的。现在大家都觉得宝钢好,是优秀典型。但是当时"左"的思潮很厉害,冶金部排除万难在宝山办钢铁厂时舆论哗然。人代会提出质询,我记得当时把冶金部的部长唐克同志叫到人代会,大家都批评了冶金部一番。为什么现在看起来宝钢很好,但当时都反对呢?第一,上海没有铁矿;第二,上海没有煤矿。因此上海办钢铁还要从远道运输到上海。宝山那块土地是沙滩,要想在那儿办钢厂,首先要把100万吨的钢材打到地下,否则高炉就立不起来,就要陷下去。所以上海办钢厂简直是太浪费,还没有把钢铁生产出来,先要消耗100万吨到200万吨的钢材。为什么冶金工业部决定非要在上海办工厂,纯粹是冶金工业部怕苦怕死,要贪图生活享受,上海比内地要舒服一些,生活条件要好一些。这就是"舆论"。冶金工业部回

科学、技术与社会集

答说:不是,我们上海没有铁矿,铁矿从澳大利亚运来。这样一说就更加引起议论了。"舆论"说,我们中国的钢铁工业建筑在澳大利亚铁矿的基础上,这简直太不自力更生了。如果澳大利亚断绝铁矿供应,我们宝钢就成为死钢。大家纷纷反对,认为是重大的决策错误。实践证明不是这么回事情,现在宝钢的效益很好。原因是中国的铁矿都是贫矿,鞍山钢铁厂的矿石的含铁量大概只有30％,甚至只有27％、28％。但是澳大利亚的铁矿含铁量至少是68％,可以达到70％,甚至到80％,它的铁矿是可以直接投入高炉炼铁的。而鞍钢的铁矿首先要经过浮选,要把矿石砸碎,然后用磁场把铁矿选出来,还不能完全选得干干净净的,然后才能投入高炉。这增加了一道手续。为什么我们的钢铁成本老是比较高,原因是中国的铁矿都是贫矿。实践证明,二十多年来,澳大利亚从来没有想断绝对宝钢的铁矿供应,只有想你买得越多越好。因为澳大利亚的立国之本是靠两项:一项是羊毛,一项就是铁矿。如果你不买它的铁矿,固然中国要受点儿损失,澳大利亚更受损失,所以它不仅愿意卖给你,而且降价卖给你,你买得越多它降价越多。澳大利亚不是离中国很远吗?但是它靠海运,50万吨级的大船,比我们用火车的车皮拉,运费要节省多得多。我告诉各位,从现在来看,宝钢的决策是完全正确的。前一时期中国科学院技术科学部的十几位院士考察了宝钢,回来以后他们给中央写了个报告,建议推广宝钢经验,因为这是生产力的有效配置。报告中还建议,中国各个沿海地区都可以搞钢铁厂。这是观念的很大的改变。我讲这件事的意思就是,生产的社会化是不依赖人们意识为转移的规律,就是这样的配置才比较合理。社会化的概念要超出一个地区的范围,超出一个省、一个市,还要超出一个国家、一个民族的范围,甚至要从国际发展的全局着眼。

简而言之,对社会化的大生产我们要从国际性的分工和合作这种角度来理解。生产的社会化是个不可阻挡的规律。为什么世界上有那么多跨国公司?跨国公司固然是发达国家想控制落后国家,但是跨国公司之所以能在世界范围内得到支持,是因为跨国公司的确能把世界范围内的不同国家的生产力更有效地组合起来,是世界上最有效益的生产力。

生产力的社会化最直接的后果就是保证商品交换、信息交换能以最经济的方式去实现。这也就是为什么必须大力发展交通、能源、通信等技术。

下面我们首先来谈一谈交通问题。

现在农村里都说,要想富,先修路。不修路的话,你的经济是自足经济,很难进入社会化的大生产。所以修路就变成很多乡村的共识。对我们城市的发展来讲,对国家全局的控制来讲,现在也要逐渐把交通放在主导地

科学、技术与社会集

位上。现在我们再来搞交通就应该有新的认识,不要再搞落后的交通工具,而要搞现代化的交通工具。当代交通的特点就是,现在正出现一个以高速铁路为骨干,跟公路体系配合的交通运输体系。对于现代化的交通,我们的视野要开阔,要看到现代化交通在技术上正在革新。尤其要看到的是,中国的交通问题的形势是特别严峻的。譬如说,当前人均铁路的长度才4.5厘米,是欧洲的1/12。但同时还要看到中国的国情有个很大的特点:"地大物博"是在中国的西部、北部;"人口众多"是在东部、南部。比如说北京的资源就并不丰富,江苏都是冲积平原,也没有很多的矿产资源。而矿产资源在大西北、大西南。那么要组成生产力的话,人跟物要结合。没有这个交通的建设,没有人和物的联结,就无法构成中国的生产力。所以我们无论从生产的社会性的观点来看,还是从中国的自然条件的关系来看,交通问题是第一位的。

我们在交通问题上面临着一个很大的需求,请诸位关注这个事情。全局该如何布局很值得研究。

第二个问题是能源。刚刚我讲"地大物博"在西部、北部,"人口众多"在东部、南部,这一点同样也表现在能源问题上。大家知道,报纸上老呼吁"北煤南运"。我们秦岭以北,煤的资源蕴藏量占90%以上,秦岭以东大概只有百分之几。这个情况对煤来讲,北煤南运是不可避免的,而且长期内不可避免。为什么我们现在交通的压力特大,这跟北煤南运有密切的关系,约占了铁路运量的40%。中国当代占主导地位的能源还是煤。煤作为中国主导的能源占全部能源供应量的90%以上。为了减少铁路的压力,中国应该减少煤的消耗,应该发展一些更为干净一点的能源。什么叫做干净一点的能源呢?一个是水能,一个是原子能。

我先讲一下原子能。

各位一听原子能就会想到切尔诺贝利事故,那你怎么能说是干净的能源呢?原子能的确发生过事故,但是正因为发生过若干事故,全世界搞原子能的人都接受教训。现在设计的反应堆都是所谓绝对安全型的。而且很重要的一点是,切尔诺贝利发生的事故,是人为事故,是由于人为操作不当出了事故。现代化的核电站是傻瓜式的,不要人来操作,只按一下电钮,所有的都是自动控制。你们是研究人的,应该比我了解,这不是思想教育就可以解决问题的。人的身体有个生理疲劳极限,操作多了,事情多了,总会搞出点儿错误,所以最好避免人员操作。现代化的原子能是很好的,而且是比较干净的,没有其他的废料,当然放射性要控制起来。

更重要的,我是高度鼓吹水的。

水是可再生的能源,每年水都从大江大河流掉,不发电,太可惜了。那么中国的水能源怎么样呢?中国的

科学、技术与社会集

水能从水量来讲当然是长江最大,所以修个葛洲坝以后,现在还要修一个长江三峡。但是我告诉各位,长江三峡即使修起来以后,才利用了水能资源的10%。为什么要修三峡,单纯从发电来说,是9个大亚湾。有人嫌长江三峡投资太大,我就告诉各位,单从发电量来讲是9个大亚湾,大亚湾的投资是40亿美元。水能的排队次序从来是这样的:火力发电投资和效益比最差;其次是核能,核能是投资大,但是效益比煤好;水力发电总量投资大,但是效益比原子能还要好。所以当前我们国家决策搞三峡大坝,既能发电,也能解决水害,是很正确的一件事情。那么水能资源的大头在哪儿?在西南地区。西南横断山脉地区的水量的确没有长江干流那么大,但是落差大,它一落差是1 000米、2 000米,甚至于3 000米,因此水能的蕴藏量非常之大。因为能量是水量×落差,所以大头是在西南地区。有多大呢?至少是全国水能资源的50%,甚至是70%。怎么50%、70%相差这么大呢?因为这个地方是深山穷谷之中,人烟绝迹之地,水能资源不清。你把水量估计得多1倍的话,马上就是70%。水量的估算不是很容易的,要设很多水文站常年观察,那个地方人很少,工作都很困难。总之水能蕴藏量很大,那个地方是我们能源的宝库。问题是那些地方都是深山穷谷之中,人烟绝迹之地,你没法进去修水电站。要修个水电站,首先要修盘山公路,它们高度都是

2 000米、3 000米,从下面一点点盘上去,一个山头盘的公路拉起来是长得不得了。所以,修盘山公路的投资大得不得了。这就是为什么首先搞三峡的问题。

还有个问题,一旦西南地区澜沧江、金沙江、怒江发起电来,人口还是稀少,至少目前不可能大量移民过去,而真正需要电的是华东、华南。那么就要从西南部把电拉到上海。我告诉各位输电是怎么回事。长江三峡高压输电线是50万伏,这已经是很高的技术了,但是这种高压输电线1 000千米损耗8％,从长江三峡到上海是2 000千米,从长江三峡到广州大概是1 000千米,如果一根线拉到上海,再一根线拉到广州的话,三八二十四,也就是1/4的发电量在路上消耗掉了。所以别看长江三峡发电量相当于9个大亚湾,至少有两个大亚湾是在路上损失掉了。那么如果跑到澜沧江、金沙江就又多出1 000千米,要到西藏去就更不得了。所以,输电的问题是个严峻的问题。那么我们物理学家说,还有个好办法。大家知道,13年前,我们物理所赵忠贤教授发现高温超导体,在液氮温度下的钡镱铜氧化物可以进入超导状态。这是个很重要的发现。经过十几年来的研究,我可以告诉各位,已经能做出长达好几千米的高温超导体输电线。这个高温超导体输电线将电量输出去可以没有损耗,能够做出几千米,就能做出几十千米,上百千米,因为你没有必要做几千千米的输电线,都是一根根

科学、技术与社会集

连起来的。而且,这种高温超导体输电线通过的电流是12 000安。12 000安乘上500 000伏,就是600万千瓦。我告诉各位,三根这样的高温超导输电线就可以把长江三峡的电全都输走,而且不排除高温超导型的导线从12 000安培提高到30 000安培。当然,用高温超导体做远距离输电线,那是很困难的,但是由低压变为高压的那一段输电线,即在输电过程中损耗最大的那一段,是可以做成高温超导体输电线的。

现在我们要看到我们的交通、能源、通信等的新技术发展的前景。这是我们的短项。我讲这些情况就是说,我们要看到我们过去社会化大生产的本质的弱点,这些本质的弱点需要我们用高科技来解决。

当然实现生产力的社会化,还要解决通信问题,这一问题将在下一个问题即科技和精神生产力中再仔细地讲。

三、科技和精神生产力

下面我们再说一条。当代生产的另外一个重大特点就是,精神生产力占的比重越来越大。

什么叫做精神生产力呢?它包括信息高速公路,包括各种信息的产业,包括新闻出版、报纸等。人,并不是光要吃和喝;还有许多精神消费。这是当代发展的趋势。各位在研究经济问题的时候,脑子里千万不要只看到物质生产力,还应该看到精神生产力,它的产值也是很大的。

我举个例子,这几年日本软件非常发达,据1992年传来的信息,在东京地区软件公司已有7 000家。公司大小不等,有几十人的,有几百人的,甚至有几千人的,据说还有万人的。总之,东京这个地区从事软件的人员有100万人!但是,日本公司还要到中国市场来搜罗软件人员。为什么日本有这么大的软件需求?日本软件的道路跟美国的不一样。美国的软件都是提供个人电脑(personal computer)用的,那里有很大的消费市场。日本的软件是为大公司服务的,它的企业要搞自动化的生产,所以它的软件都是个性软件,都是一个个来做的,所以要求的人员量很大。我的孩子是搞软件的,日本的软件公司请他去交流,然后又请他参观了千叶制铁所,是个轧钢厂。千叶制铁所有个1.9米的轧机,轧出的钢材最宽可达1.9米。我们国家没有1.9米的轧机,我国武钢最大的轧机也就是1.7米。我的孩子去参观了以后高度吃惊,说,轧钢厂整个一条生产线有一两千米,空空荡荡,看不到人,全是计算机管理。而且,这个千叶制铁所"三班倒",连仓库管理人员一共只有80个人。我大吃一惊说,生产自动化高到这种程度!但怎么可能连仓库管理人员才只有80个人呢,你总得记账算账吧。仓库管理

科学、技术与社会集

是要把钢铁卖出去的！我的孩子说,他们买卖钢铁是跟计算机打交道。就是说,顾客在买钢材的时候,要买20 000吨,那计算机告诉你多少钱。买100 000吨,计算机告诉你多少钱,越多越便宜。买的时候只要从银行转账,只要计算机的记录中表示钱收到了,这时候计算机就会自动把门打开,你运钢材的车子就可以开进去,就可以开动吊车把钢材吊到你的车子里面。如果你买20 000吨钢材,吊够数了,你再想超出,没门儿,计算机就不听你指挥了。大家知道,钢材是烧不掉运不走的,所以仓库管理人员极少。当然,如果中国要跟日本购买100万吨钢材,那就不是和计算机谈判了,要跟经理去谈判。这就是日本自动化、现代化的情况。整个日本工业正在实现改组,将进入后工业时代。什么叫做后工业时代？就是由人员装配的时代到自动化操纵的时代。高清晰度电视是当代技术中非常重要的一点。也就是说,通信不是用图像,而是用数字,出来的是不失真的,不会有噪音,不会出现图像扭曲,是高度清晰的。这件事情对于通信非常重要,这不仅对通信有重大的意义,对国防、交通以及控制等各方面都有非常重要的意义。所以现代化的高清晰度电视前途是远大的。我们理论物理所的电子邮件跟世界各国的网络是连起来的,现在世界各国的影印本已经不寄给我们了,电子邮件通信里就可以解决了。有人说,将来的期刊是要淘汰的,信息都存储在网络里面,因为电子邮件比过去方便得多。

通过这些我们就看到一点,我们的思维模式不仅要看到物质生产,还要看到精神生产。精神生产的比重越来越大,精神生产在社会中对推动物质生产的进步作用越来越大。我觉得,在当代主持经济工作,看不到这个重大特点的话,我们就短视了。

四、科技和保护环境

由于生产力飞速地发展,对环境的保护问题越来越突出。当代世界正在面临严重的环境问题。大家知道,有六大问题:环境污染,资源枯竭,能源危机,生态破坏,气候反常和人口爆炸。这六大问题对中国来讲尤为严重。为什么对中国尤为严重?刚刚我讲了,中国地大物博,人口众多。各位再想一想,物博地大是在中国的西部、北部,但是真正人多的地方并不很大,而西部、北部却很大。中国每平方千米的人口平均是100多人,但是中国的东部、南部的农村至少是每平方千米1 000人。我讲的是至少。城市至少是每平方千米10 000人。北京市的城区每平方千米约27 000人,而且是把中南海也包括在内了。把中南海给扣掉的话,我看是每平方千米30 000人以上,中南海当中那块"海面"是不住人的。上海市区每平方千米40 000人。我们中关村是人口密集

科学、技术与社会集

地区,每平方千米70 000人。上海的人口密集地区每平方千米120 000人。这就是实际情况。因此,中国的特点是,土地虽大,但是人口是美国的4.5倍。土地面积虽然和美国的差不多,但是有效生存空间大概只有美国的1/2、1/3。因为大部分是不能住人的,反映出人均有效生存空间只有美国的1/10或者1/15。至于耕地,中国的人均耕地1.2亩,是美国的1/9.5。因为中国的空间特别窄小,所以中国的空间所能承受的污染量也小,这是密度效应。中国空间环境能够承受的污染量是美国的1/10,甚至是1/15。中国必须高度重视这件事情。现在污染的来源是废水、废气、废渣,这些都很严重。废气主要是酸雨。酸雨问题最厉害的是西南地区,那个地方含硫量特高。而且不仅含硫,还含砷,就是砒霜,化学名叫As。由于砷中毒已经死了好些人了。硫污染影响经济,影响作物,也影响身体健康。砷污染也是很大的问题,贵州的煤中砷的含量比较大。上海和浙江地区的煤的含硫量也比较大,也形成酸雨。所幸的是,这一地区东南风较少,西北风较多,所以酸雨就吹到日本的大阪和东京。于是日本的环境工作者就向中国抗议。日本为了关注这个问题,甚至愿意无偿提供脱硫技术,不过,等到正式谈判时,它又缩回去。关于环境污染问题,我们应该高度重视,不能搞先污染后治理,要以预防为主。特别是对环境保护,要贯彻预防为主,因为这样省钱、省工。先污染后治理，后果是污染完了不能治理，要治理，就得花费10倍于现在污染的代价。这是一个方面。

请注意，还有另外一个方面。我们现在经济正在发展，完全不产生废气也做不到，酸雨还是得酸下去。国际上就攻击我们是世界上头号污染大国，因此想限制我们经济的发展。我们的环境工作者，一方面在国内说，要预防为主，不能搞先污染后治理，到了国际上还要有另外一套，说，中国不是头号污染大国，头号污染大国是美国。第一，中国的二氧化碳污染量约是30亿吨，你美国的二氧化碳排放量是50亿吨；第二，中国的工业化才10年到20年的历史，你已经有200年的历史，你在历史上的积累，比我们大得多；第三，你们不是还要讲人权吗？人均有同等的污染量，我们人口比你多，所以我还要跟你算人均污染量。人均污染量算起来，我们的排名远在100多名以外。所以，在环境保护问题上，首先美国应该有所克制，应该有所节制，然后才能批评我们。但是废气除了污染世界的空气之外，还污染我们本土的环境，这个事情是不能放松的。这是一个问题的两个方面。

同时要看到一点，我们人均有效生存空间比较窄小，但是我们有一个特点，毕竟有大西北、大西南这些地区。像日本，很拥挤，人均有效生存空间比我们还大一点，因为我们东南部人口太多了，太拥挤了。像东京的

科学、技术与社会集

人口,每平方千米不足5 500人。所以在这个意义上讲,要正视人均有效空间狭小,因此,我们中国的生存空间如何部署,要有新想法。比如说,人均住房面积就不可能像美国的一样大。日本虽然很富裕,你去看看那些教授家里的住房都很拥挤,因为没有空间。中国的就更挤。另外,人均道路面积也不能像美国一样。美国芝加哥地区的人均道路面积是50平方米,北京人均道路面积是3.8平方米,上海是1.6平方米,是美国的几十分之一。像这些问题都要有新的考虑问题的角度。我非常反对小轿车进入千家万户。第一,没有那么多能源;第二,没有地方放车;第三,没有道路可以跑;第四,它会造成严重的环境污染。所谓进入千家万户的口号,完全是主观主义的。中国只能以公共交通为主。你看,北京现在堵车相当严重,而北京还是全国大城市中较好的,上海堵得不得了。从武汉到汉阳要过长江大桥,长江大桥大家都要过,可谁也上不去,在那儿排队一个半小时。现在在修长江二桥,我还没有看见,反正我相信能够稍微缓解一点。像这样的情况是因为人均生存空间窄小决定的,所以我们必须要有新的考虑。

　　环境问题在我们中国,是需要高度注意的。当然也就提出了扩展生存空间的问题。现在我们能不能向大西北进军,向大西南进军?向大西北进军的问题是缺水,没有水就不能生存。现在除了要从长江向北方调水,还要向东线、中线、西线调水,现在科技界酝酿的问题是从雅鲁藏布江调水到新疆。雅鲁藏布江的水,每年的流量是1 600亿立方米,这么大的水量白白流到印度,流到孟加拉。而印度和孟加拉的水量太多,年年有水灾。现在就是设想,能不能从雅鲁藏布江调200亿立方米的水到新疆,首先是南疆地区。美国的加利福尼亚本来是干旱地区,美国调了50亿立方米的水到加州,加州就改变面貌。现在我们在酝酿从雅鲁藏布江调200亿立方米的水到新疆,这是一个跨世纪的工程,可能21世纪都不能实现。地理学家跑来跟我们物理学家谈,问我们有什么好办法。"哎呀,这个工程量太大了,钱花费太多了,也许22世纪可以实现。"这个问题到我嘴里一谈的话就是,"我们用原子能爆破,也许可以提前,到21世纪50年代就可以实现。"于是他们很兴奋。我肯定是看不见了。现在中国人民的平均寿命是70岁,北京是75岁。我想,50年以后,大概平均寿命,至少北京能够提高到80岁。

五、自然科学和社会科学

要看到自然科学和社会科学正在有机地结合。我呼吁搞自然科学的人要学会一点社会科学,搞社会科学的人要学会一点自然科学。

科学、技术与社会集

　　为什么搞自然科学的人要学点社会科学呢？你们干事情，做工作，要看到社会发展的大趋势。我更要讲，讲搞社会科学的人还要关注自然科学。为什么？关键的一点就是，有些社会问题看起来是社会问题、经济问题、法制问题，其实是科技问题。我就举几个尖锐的例子。比如说偷税漏税。偷税漏税是法制问题、经济问题、政策问题、管理问题、税务人员整顿问题等。国务院总理说，要搞"三金工程"，要搞计算机管理。也就是说，减少现金流通以后，谁也偷不了税。关键在这一点。所以你看，表面看起来是法制问题、管理问题，其实是科技问题。再给各位举个例子，走私贩私。当然也是法制问题，是内外勾结问题等，其实也是现代科技问题。为什么？我们现在的走私主要不是海上走私，而是堂而皇之走私，集装箱走私。集装箱装着香烟就进来了。我们不进口洋烟已经有几年了，但是，在北京市你们还是看得见，洋烟很多。你要到外地，到处都是洋烟。这洋烟从哪儿来？怎么老抽不光？年年走私进来。走私为什么你不查？当然查。查到为什么不没收？当然没收。问题是集装箱查不胜查。你要把每个集装箱都打开，那港口就严重堵塞，什么货物也进不来了。所以虽然我们没收查到的香烟，但还有大量查不着的就进来了。所以要发展快速检查集装箱的办法。有没有办法？有办法。

我们这个行业的高能加速器就能查。海关还不知道这个办法,我们要去跟他们谈。海关听说加拿大有快速检查集装箱的仪器,想进口一台,情愿出两亿美元的代价。加拿大不卖。当然不卖,要叫我也不卖,卖给你以后香烟就走私不成了。那么,我们想跟海关谈,我也不要你两亿美元,给我两亿元人民币,我保险给你做一台出来。老实说,我还可以赚你一亿元人民币。用高能粒子打进去以后,照相特别清楚,而且是快速照相。所以,表面上看起来是社会问题、经济问题,其实是科技问题。

我再给各位举个例子。大家知道,我们有个金融问题。我们的人民币在人民银行的私人存款是25 000亿元,公家的我不知道,可能是保密的。

私人存款25 000亿元,再加上公家的存款,有上万亿元的人民币在人民银行出出进进。但是这些上几万亿元的资金,从在分行登记到总行,从总行到地区总行,再到省,到中央,工作人员再积极肯干,至少也要两个礼拜的时间。这个资金叫在途资金,谁也不知道"在"到什么地方。这笔在途资金,每年至少是几千亿元。但是由于在途,不能动用,单纯是利息的损失,以10%计算,就是几百亿元人民币。但是如果采用计算机的话,那钱在哪儿就一清二楚。所以说为什么银行系统搞计算机软件非常积极,搞计算机管理非常积极,每年愿意拿出几

科学、技术与社会集

十亿元甚至上百亿元的投资搞计算机网络。因为网络一旦搞起来，效益那是大大的。由此看到，金融问题也有很多的技术问题。

总之，希望加强社会经济工作者和自然科学工作者的高度合作，这是当代科学发展的趋势。

钱学森的科学精神

涂元季

一、严肃认真、严谨细致、一丝不苟是钱学森一贯的作风
二、坚决抵制不正之风
三、优秀的共产党员,科技界的一面旗帜

【作者简介】涂元季,湖北老河口人,文职少将军衔,中国人民解放军总装备部研究员,国防科学技术工业委员会高级工程师。

1957年考入成都电讯工程学院(电子科技大学)电子器件系,1963年毕业。期间,任助教一年。毕业后被分配到国防科学技术委员会情报研究所,做人造卫星情报研究工作。1982年调到国防科学技术工业委员会科学技术委员会任科技秘书。1983年起任科学技术委员会副主任钱学森同志的秘书和学术助手。1992年与钱学森共同撰写了《我国社会主义建设的系统结构》,后编辑了多本关于钱学森先生的书籍。

钱学森的科学精神

钱学森是我国著名的科学家。1991年,在授予他"国家杰出贡献科学家"荣誉称号时,国务院、中央军委的命令是这样评价钱学森的成就和人品的:"钱学森同志是我国著名科学家。他早年在空气动力学、航空工程、喷气推进、工程控制论等技术科学领域做出过许多开创性的贡献。1955年9月,在毛泽东、周恩来等老一辈无产阶级革命家的关怀下,他冲破重重阻力,离开美国回到社会主义祖国。1959年8月,他光荣地加入了中国共产党。数十年来,他以对祖国、对人民的无限热爱和忠诚,满腔热忱地投身于我国国防科研事业,为我国火箭、导弹和航天事业的创建与发展做出了卓越的贡献。他潜心研究的工程控制论,发展成为系统工程理论,并广泛地运用于军事运筹、农业、林业,乃至整个社会经济各个领域的实践活动,在我国现代化建设中发挥了重要作用。在发展系统工程理论与实践方面,是我国科技界公认的倡导人。他一贯努力学习马克思列宁主义、毛泽东思想,坚持运用马克思主义哲学理论指导科学活动。他热爱中国共产党,热爱社会主义祖国,热爱人民,充分体现了新中国知识分子的高尚品德,他是我国爱国知识分子的杰出典范。"

科学、技术与社会集

一、严肃认真、严谨细致、一丝不苟是钱学森一贯的作风

  这也可以说是科学家们的共同特点。钱老治学的严谨作风,从山西教育出版社2000年出版的《钱学森手稿》(1938~1955年)一书中可见一斑。比如钱老做火箭发动机燃烧室不稳定燃烧问题研究时,其数据计算得非常精细,有的长达8位。要知道,这样繁重的计算在当时是靠拉计算尺得出的,到后来才有一台手摇电动计算器。其工作之认真艰辛,不言而喻。从钱老的手稿可以看出,他做学问总是一丝不苟,公式推导十分严谨,列表制图极为规范。他的字写得工整、清秀,很少出现差错,即使有修改,那也是改得清清楚楚、一目了然。

  钱学森的认真精神,也有他的特点,那就是他认真起来,毫不讲情面。因为他认为,科学是来不得半点虚假的。在我国"两弹一星"事业中,周总理提出"三高"标准,即高度的政治思想性、高度的科学计划性和高度的组织纪律性,以及"严肃认真,周到细致,稳妥可靠,万无一失"的要求。钱学森在领导我国导弹航天事业中,总是严格按照周总理的要求办事,从不放过试验中的任何一点差错。他主持国防部五院的技术工作,在总结"东风2号"第一发的经验教训时提出"把故障消灭在地面"

的原则,这已成为一代航天人研制和试验工作的行为规范。所以每次试验,对测试中出现的任何一个疑点,他都要打破砂锅问到底,一直到真正把问题搞清楚,把故障排除,或对出现的异常现象做出科学的、有试验根据的合理解释才肯罢休。当年在基地搞试验的一位老同志说,在一次发射前的测试中,他向钱老汇报氧化剂的加注活门有点漏气,钱老立即问:"有多大点漏气,你们测试过没有?"答:"没有。"于是钱老严肃地说:"你马上回去测,测试清楚了再向我汇报。"经过测试,每分钟一个小气泡,这个指标在允许的范围之内。于是再去向钱老汇报,他才点头认可。类似的事在当时的研制和发射试验中是很多的,他当年在基地一待就是一两个月,大大小小的事情他都得过问。在钱老的《工作手册》中,每次试验他都有详细记录,甚至把大大小小的异常或故障列出表格,一一落实解决。对已经解决的问题,他注上"已换",或"已重新调试,可用"等。尚未解决或落实的问题,他在表格中用红笔作个"*"号,并注明已指定谁协调解决。

由于钱学森的严肃认真、严谨细致、一丝不苟的作风,他带动和培养了一大批人,周总理提出的"三高"标准,成为一代航天人的优良传统和作风。所以在那个时代,虽然我们的技术条件比美国、苏联落后很多,但我们的成功率却比他们高得多。

二、坚决抵制不正之风

作为一名严肃的科学家,钱学森对社会上的一些不正之风,采取坚决抵制的态度。

第一,关于"走后门"问题。一段时间,社会上到处存在"走后门"现象,走正道办不成事,一定要走后门才能办成。钱学森自然不会去走后门,同时他也不许别人在他这里走后门。他对许多事情,定下一个原则,然后就坚持这个原则,对谁也不开先例。比方说他"不题词;不为别人的书写序;不参加任何成果鉴定会;不出席应景活动(如开幕式、剪彩等);不出国访问;甚至退出一线工作以后,不到外地开会,连天津也不去",这些原则一旦定下来,几十年不变,对谁也不开先例,绝不讲情面。多年来,许多人为这些事找到我,我只能按照钱老规定的原则,婉言谢绝。在我这里办不通,于是有些人想方设法,找到钱老的夫人或子女,想走他们的后门。但这个后门是走不通的,钱老的夫人蒋英同志又把来信或来函转给我,还是由我答复他们。

第二,关于反对"吃喝风"问题。钱学森在北京开会,从来都是回家吃饭,绝不借开会之机大吃大喝。他过去在一线工作,需要到外地出差,如去试验基地主持试验,或到外地开现场协调会等;自从他退出一线领导职务以后,再也不去外地开会或作学术报告,谁请也不去,绝不搞公费旅游。他这一生,只在1988年夏天,带中国科学技术协会的几位副主席到黑龙江的镜泊湖去休过一次假。在黑龙江,他参观了一些工业项目,也作过几次学术报告。在这种情况下,人家请顿饭吃是免不了的,他也不得不应酬。但我看得出,钱老对这些应酬活动是很反感的。所以他回到北京以后就对我说:"我对付这种不正之风的办法,就是今后再也不出北京了,谁请也不去。"

正面请,请不动,于是有人又想出一个"激将法",通过一位与钱老很熟悉的老朋友对他说:"钱老,你知不知道,别人对你有反映。"钱老问:"什么反映?""说你架子大,请不动。"钱老说:"你别激我,激也没用,他们说我架子大,我就架子大。"

第三,关于"出国风"。大家知道,改革开放不久,群众反映比较大的另一个问题是"出国风"。钱学森回国以后,就出过两次国,一次是20世纪50年代陪聂老总访问苏联,第二次是80年代率中国科协代表团出访英国、德国。这都是工作访问,是推不掉的。除此之外,他再没出过国,特别是再没去过美国。

说到钱老回国以后再没去过美国,我要在此加以说明。改革开放以后,中美之间的交流增多了,钱学森这么著名的科学家,邀请他出国访问的单位或个人也不

科学、技术与社会集

少,其中美国方面的邀请最多,但都被他拒绝了。当时的总书记胡耀邦还劝过他。一次开科学技术大会,他就坐在胡耀邦的旁边。胡耀邦对他说:"钱老,你在国际上影响很大,一些国家邀请你,我建议你还是接受邀请,出去走走。你出去和别人不一样,对推动中外科技交流会有很大影响。这也是今天改革开放的需要啊!今天,世界在变,中国在变,美国也在变。几十年前的事,过去了就算了,不必老记在心上。你去美国走走,对推动中美间的科学技术交流,甚至推动中美关系的发展都会有积极意义。"听了胡耀邦这一番话,钱老说:"总书记,当年我回国的事很复杂,在目前这种情况下我不宜出访美国。"胡只好说:"钱老,我这是劝你,不是命令你一定要去。如果你认为不便去,我们尊重你个人的意见。"后来,美国当局的代表曾和我有关方面谈钱学森的事。他的意思大致如下:"钱是一位著名科学家,他曾在美国工作了很长时间,特别是第二次世界大战期间和战后一段时间,钱对美国的科学技术是做出了很大贡献的。50年代初的麦卡锡时代,是美国历史上的一段黑暗时期,许多正直的美国科学家也无端地受到迫害,所以那一段时间美国政府那样对待钱是很不公正的,我查过当时的档案,我这么评价是有根据的。"于是他和中方探讨,美国政府能做些什么,来弥补从前在这个问题上的过失。他说,他和美国科学院、美国工程院讨论过钱在美国的工作,如果钱来美国,授予他美国科学院院士和美国工程院院士的称号是没有问题的。考虑到钱的老师冯·卡门曾获美国政府颁发的最高科学成就奖,钱是卡门最得意的学生,美国政府也可以授予他这一荣誉。这种授奖仪式一般都在白宫举行。如果钱来美国接受这项荣誉,不能保证总统一定出席,但可以保证副总统一定会出席,并亲自给钱颁奖。

钱老接到这个报告以后说:"这是美国佬耍滑头,我不会上当,当年我离开美国,是被驱逐(deport)出境的,按美国法律规定,我是不能再去美国的。美国政府如果不公开给我平反,今生今世绝不再踏上美国国土。"所以,美国人给他再高的荣誉,钱学森不稀罕。钱老说,如果中国人民说我钱学森为国家、为民族做了点事,那就是最高的奖赏,我不稀罕那些外国荣誉头衔!

第四,绝不上任何"名人录"、"名人大典"等之类的书。现在搞的一些"名人录"之类的大典,名堂很多,一般人想上名人录,出点钱就行。但钱学森若上什么名人录,人家是不会找他要钱的。但他知道这里面的"名堂",所以给我交代一条原则:绝不上任何名人录。他说:"我抵制这股不正之风的办法就是我不上,不要钱也不上。"20世纪90年代初,科学出版社要出《中国现代科学家传记辞典》一书,他们通过钱老的前任秘书王寿云联系。王寿云去向他报告此事,刚说了几句,钱老就明

科学、技术与社会集

白他的意思了,板着脸瞪了他一眼,说:"你想干什么?"王寿云话都没说完也不敢再往下说了。这本书的主编是中国科学院原院长卢嘉锡,他们当年在美国就相识。科学出版社只好把钱学森不同意上书的意思向卢老报告。在一次开会时卢老见到了钱老,我记得当时卢老对他说:"钱老,我主编的《中国现代科学家传记辞典》可不是野的,是经国家新闻出版署和中国科学院共同批准的,上你的条目也是经审查批准的,你要是不同意上这本书,我这个主编只好不当了。"在这种情况下,钱老才同意上他的条目,并授权由王寿云撰写。

三、优秀的共产党员,科技界的一面旗帜

钱学森1959年入党,他是我们党的一面旗帜,全党学习的典范,所以在这里我要介绍一下他这方面的事迹。而他这方面的品德与他科学上的成就也是密切相关的。

1. 对金钱的态度

钱学森一生把金钱看得很淡泊。他当年放弃在美国的优厚条件,坚决要求回到各方面都还十分落后的祖国,就是为了和祖国人民同呼吸、共患难,用他的知识和智慧建设国家,使祖国强大、人民幸福。值得庆幸的是,

钱学森的科学精神

钱学森用他的行动,实践了自己的愿望。

他回国以后,完全靠自己的工资生活,以今天的标准看,那时的工资是很低的,一级教授一个月300元多一点,而且是几十年如一日。除了工资之外,他还有一些稿费收入,晚年也曾得到过较大笔的科学奖金,但他把自己所得几笔较大的收入统统捐了出去。这包括:钱学森著《工程控制论》1958年中文版稿费(千元以上,这在当时是一笔很大的收入)捐给了中国科学技术大学力学系,资助贫困学生买书和学习用具;1962年前后,钱学森著《物理力学讲义》和《星际航行概论》先后出版,稿酬有好几千元,这在当时简直就是一个"天文数字"。那时还处在三年经济困难时期,人人都吃不饱肚子。钱学森及其家人和全国人民一样,也是勒紧裤带过日子。但是,这么一大笔钱并没有使钱学森动心。他拿到这两笔稿费时,连钱包都没打开,转手就作为党费,交给了党小组长。

1978年钱学森又交了另一大笔党费。当时"文化大革命"刚刚结束,开始落实各方面的政策。钱学森的父亲钱均夫老先生原在全国政协文史委员会上班,1969年去世,但因"文化大革命"的冲击,从1966年起就不发工资了,所以,钱均夫老先生在去世前三年未领到一分钱工资。到1978年落实政策时,给钱均夫补发了3000多元的工资。然而,钱均夫老先生已经过世,钱学森作为

科学、技术与社会集

钱均夫唯一的儿子,自然有权继承这笔报酬。但是钱学森认为,父亲已去世多年,这笔钱他不能要。退给文史委员会,人家拒收,怎么办?钱老说,那我只有作为党费交给组织。所以这3000多元也交了党费。

除此之外,1982年钱学森等著《论系统工程》一书,钱学森本人所获稿费捐给了系统工程研究小组。1994年钱学森获何梁何利基金优秀奖,奖金100万港元,这是一笔数量相当大的奖金。这100万港元的支票甚至都未经过他的手,他就写了一封委托信,授权王寿云和我,代表他转交给促进治沙产业发展奖励基金,捐给了我国西部的治沙事业。直到我写此文的时间为止,他的几笔大的收入,统统都捐了出去。即使在平时,他和别人联合署名发表文章时,他也总是把稿费让给别人,说:"我的工资比你多,此稿费就请你一人收下吧!"钱老对待金钱的态度,读者自己可以由此得出结论。

2. 对地位的态度

钱学森曾任国防部第五研究院院长、副院长,第七机械工业部副部长,国防科委副主任,国防科工委科技委副主任,直到中国科协主席、全国政协副主席等要职,其地位不可谓不高。但一般人不知道,钱学森对这些"官位"一点也不在意。要不是工作的需要,他宁可什么"官"也不当。他常常说:"我是一名科技人员,不是什么大官,那些官的待遇,我一样也不想要。"所以,他从不爱出席什么开幕式、闭幕式之类的官场活动,只喜欢钻进科学世界,研究学问,在这方面若有所得,就十分高兴。他常说:"事理看破胆气壮,文章得意心花开。"

　　人们常常不明白,在国防部第五研究院,钱学森为什么是先任院长,后任副院长？其实,这就是钱学森和一般人的不同之处。1956年,他向中央建议,成立导弹研制机构,这就是后来的国防部第五研究院(简称五院),钱学森担任首任院长。但随着导弹事业的发展,五院规模的扩大,钱院长的行政事务也越来越多,比如连人员的住房分配、食堂和幼儿园的建设等都要他亲自过问,但这并非钱学森之所长。与此同时,又有大量技术问题等待他去解决和处理。在这种情况下,他不得不向领导提出,免去其院长职务。周恩来、聂荣臻也很快注意到这种情况,他们接到钱学森的请辞报告后,果断决定,配备强有力的行政领导,解决大量行政、后勤事务,让钱学森从这些繁杂事务中解脱出来,集中精力思考和解决重大技术问题。于是1960年3月,国防部任命空军司令员刘亚楼兼任五院院长,空军副司令员王秉璋任五院副院长,主持常务工作。后来,王秉璋又改任五院院长。从此钱学森只任副职,由国防部五院副院长,到七机部副部长,再到国防科委副主任等,专司我国国防科技发展的重大技术问题。钱学森对这种安排十分满

意。他考虑的是科研工作，而不是自己因此会失去什么权力，降低什么待遇。这种精神贯穿在他的一切行动之中。

　　1981年，当钱学森刚满70岁时，他立即给张爱萍写报告，说他年纪大了，比他年轻的人也都成长起来，他恳请组织上免去他国防科委副主任的职务，并要求退休，还推荐了三位可以接班的人。张爱萍接到钱老的报告以后找他谈话说：国防科委很快要和国防工办合并，成立国防科工委。考虑到你的意见，可以不再任命你担任国防科工委副主任。但是我们的国防科技事业还需要你，你不能退休。将成立国防科工委科学技术委员会，给科工委领导做科学技术的参谋，重大科研项目先由科技委的专家们论证，提出方案，再报请科工委领导批准实施，所以还要请你在科技委继续工作。这样，钱老又在科技委干了五年。到1986年他满75岁时，又主动给领导打报告，请求免去他科技委副主任的职务。到1987年他才被批准从国防科研的领导岗位上退下来，并被聘为科技委高级顾问。

　　他出任中国科协第三届主席的经历也是曲折的。大家知道，科协是五年一届，而周培源从1980年到1986年担任了六年的主席。为什么周老干了六年？就是因为主席的人选达不成一致。大家一致推选钱学森为第三届主席，可是钱老坚决不干。记得1985年科协二届第五次全国委员会一致通过建议,由钱学森任第三届主席,他个人还是不同意。一直到闭幕那天,在京西宾馆开闭幕大会,请钱老(他是副主席)致闭幕辞。闭幕辞的稿写好了,送给他审阅。他看了稿子以后表示,这个稿我原则上同意,但最后要加一段话,让我向大家说明我不能出任第三届主席的理由。如果你们同意加这段话,我就念这个稿子,如果你们不同意,我就不念,请别人致闭幕辞。科协的同志只好表示:"钱老,您念完这个稿子,可以讲一段您个人的意见,但不要正式写进这份讲稿。"于是钱老同意致闭幕辞。我参加了那天的大会,我记得当时的情景是:当钱老说明他不适合担任下届主席时,会场上连续地鼓掌,使他没法讲下去。有人站起来插话说:"钱老,这个问题您个人就别讲了。"大家对他的插话又热烈鼓掌。后来方毅、杨尚昆、邓颖超都出面找他谈话,劝他出任科协第三届主席。

　　由于这样一些工作,钱老才担任了一届科协主席。如果不是大家这么一致地做工作,钱老是绝不会要这个名的。1991年,当他任期满了以后,在换届时,他坚决不同意连任,并推荐比他年轻的人担任下届科协主席。

　　关于全国政协的职务也是这样。大家知道,钱老是全国政协第六、第七、第八届副主席。当然,第六届他并不是换届时选进的,而是中间增补进去的。但钱老不算这个细账,他在七届任满时,就给当时政协的负责人写

科学、技术与社会集

信,请求不要在第八届政协安排他任何工作。信的全文如下:

李先念主席宋德敏秘书长:

  4月15日上午我在301医院得见洪学智副主席,他嘱咐我要注意休息,切莫活动过多。我当即向洪副主席报告,我早已上书先念主席,请求免去我在全国政协的事,后在一次全国政协主席会上,先念主席答应此事在换届时解决。现在正在进行政协全国委员会换届工作,故我再次提出请求,不要再在八届全国政协安排我任何工作。这是我身体条件的实况。

  谨此报告。并致

敬礼!

钱学森
1992.4.20

  但是,这个报告没有被批准,直到1998年全国政协第八届换届时,钱老才从全国政协的位置上完全退下来。

  从这些事实中看到,钱学森是从来不要什么地位的。

  一般说来,和"地位"相关的一个重要问题是"待遇"问题。钱老不仅从不向组织谈及自己的什么待遇,而且总是自觉主动地降低他的待遇。比如住房问题,自从20

世纪60年代初搬进航天大院,他一直住在那套老式公寓房里。后来组织上建新房,曾想给他按标准盖一座小楼。我们工作人员也希望钱老的住宿条件得到改善,若有一栋小楼和一个小院,他可以在院子里晒晒太阳,有利于他的身体健康。当我们劝他搬家时,钱老说:"我现在的住房条件比和我同船归国的那些人都好,这已经脱离群众了,我常常为此感到不安,我不能脱离一般科技人员太远。"我说:"钱老,现在都90年代了,一般科技人员的住房都有了很大改善,您说的那是老黄历了。"钱老摇摇头说:"你别再提这个问题了。我在这儿住了几十年,习惯了,感觉很好。你们别折腾我,把我折腾到新房子里,我于心不安,心情不好,能有利于身体健康吗?"从此,我理解了他老人家的思想境界,再也不向他提房子问题了。但是,一些去过钱学森家的人都感到,他住的房子实在太旧了,有人甚至为钱老鸣不平,说"大科学家住小房子,太不合理了"。但钱老本人却心境平静,把一些世俗之人追求的金钱、地位看得比一池清水还淡。

3. 对荣誉的态度

钱学森将金钱、地位看得淡如水,对待荣誉也依然如此。这里我也要讲几件鲜为人知的事。

第一件事是钱学森所著《工程控制论》一书,经宋健修订、增补后,以钱学森、宋健二人合著的名义,于1980

年再版。此书1981年获"国家优秀科技著作奖"。大家知道,这是改革开放以后第一次颁发科技图书奖,而且《工程控制论》是这次科技著作最高奖。颁奖仪式很隆重,各方面都希望他能出席,但钱学森坚决不出席颁奖仪式,谁来请也不去。他的理由是,新版是由宋健修订增补的,理应由宋健去领奖。由此也可以看出钱学森的高风亮节,提携后辈的品德。

第二件事是关于"院士"的荣誉称号问题。我想目前在中国,从事科研工作的,都想争取一个荣誉称号——院士,或中国科学院院士,或中国工程院院士。这个称号在1994年以前叫"学部委员"。然而,大家不知道的是,钱学森在1988年和1992年曾两次给时任中国科学院院长的周光召写信,请求免去他学部委员的称号。这里只引用1992年的信,全文如下:

本市三里河中国科学院
周光召院长:

近得1992年第6次学部委员大会通过并经国务院同意的《中国科学院学部委员章程(试行)》,看到其中第24条说学部委员可以申请辞去学部委员称号。您是知道的,我前几年即有此意。近日来,更因年老体弱,已不能参加集会作学术及其他活动,故已不能完成中国科学院学部委员的任务。据《章程》规定及个人情况,特申请辞去我的学部委员称号。

　　以上请您批办。

　　此致

敬礼!

　　　　　　　　　　　　　　　钱学森
　　　　　　　　　　　　　　　1992.9.21

　　信发出以后,钱老告诉我,在一次学部大会执行主席会议上,周院长和严老(严济慈)一起做他的工作。周光召说:"钱老,学部委员不是个官位,是大家选的,不是我任命的。我无权批准您的请辞报告。"严老说:"我们主席团讨论了,大家一致不同意您的请辞报告。"

　　第三件事是1985年钱学森作为第一获奖人,荣获国家科学技术进步奖特等奖的问题。获奖项目是战略导弹。

　　钱老是我国火箭导弹事业的创建人,他获此项目的特等奖,谁也不会有异议。但是评奖的过程,确实充分显示了钱学森在荣誉面前的高尚风范。当时,军口的奖,评审委员会在国防科工委,国防科工委的科技委员会就是军口的国家奖励评审委员会。张震寰是科技委员会主任,也是评审委员会主任;钱学森、朱光亚等是科技委员会副主任,也是评审委员会副主任,科技委员会的委员都是评审委员。

科学、技术与社会集

　　1984年秋,科技委员会委员开会,审查航天部申报的项目,包括战略导弹、潜射导弹和通信卫星等。一方面评审这些项目,另一方面要审查获奖人名单。这么大的项目,每个项目只署十几个获奖人的名字,还要审查这十几个人的排序是否合适,等等,麻烦事不少。航天部的项目整整评了一个上午,钱老和大家一样,积极发言,而且他比别人说得更多,因为他更了解航天部的情况,充分肯定了获奖人的功绩。快到吃午饭时,航天部的奖才基本评完,张主任宣布散会。大家都站起来要离开会场了,就在这时,一位叫杨士明的科技委员会委员突然说:"张主任,航天部报的获奖人名单有一个重大遗漏,为什么没有钱副主任?"张震寰听了一愣说:"这可是个大问题,贡献最大的人怎么不获奖啊?大家先别走,议议这件事。"于是大家又坐下来接着开会,钱老笑眯眯地马上发言说:"这次评奖是分项目评的,我参加获奖不合适,因为我不在这些项目的任何一个项目之中,我在所有这些项目之上。所以他们不报我的名字是对的。"于是会上七嘴八舌发表了些不同意见。有的人赞成钱老的意见,说如果把钱老的名字列入某个项目,实际上是降低了钱老的贡献;但也有人说,这是改革开放以来第一次评奖,是对过去二十几年工作的总结,钱副主任对我国导弹航天事业的贡献举世公认,这个领域的奖,无论如何不能没有他。由于意见不一致,最后张震寰只好说:"把这件事退给航天部,请他们提出方案。"这就是后来在战略导弹这个项目中,钱学森作为第一获奖人的由来。然而这样的安排并未事先告知他,他是去参加颁奖大会时才知道的。我记得会后钱老回到办公室,拿着获奖人名单对我说:"我明确表示不要这个奖,他们还是把我排进来。这样一来,这个项目的总师屠守锷就成了第二获奖人,这很不合适嘛!但我毫无办法。"

第四件事是1991年授予他"国家杰出贡献科学家"荣誉称号。1991年钱老满80岁,正好这一年中国科协要换届,从此,钱学森要退出所有一线科技工作。为了表彰他对我国科学技术事业的贡献,中央酝酿授予他荣誉称号。但整个酝酿过程钱学森一无所知,授奖仪式在10月16日举行。当一切准备就绪之后,在10月10日这一天有关人员才向他本人报告。对于这么高的荣誉,钱学森本人的态度十分冷静,绝不因此而忘乎所以。其证据之一是他在授奖仪式上的著名讲话,他并不激动。二是授奖仪式之后,新闻媒体上出现了一个宣传钱学森、学习钱学森的高潮,一些著名科学家,比如钱三强、王大珩、张维等都接受记者采访,谈学习钱学森的体会,航天部、科协、科工委等单位也做出向他学习的决议。在这几天,我也忙得不亦乐乎。一天上午,钱老把我叫到他的办公室,第一句话就是:"你怎么还在忙啊?我们办任何事,都应该有个度。这件事(指对他的宣传报道)也要

科学、技术与社会集

适可而止。这几天报纸上天天说我的好话,我看了心里很不是滋味。难道就没有不同的意见、不同的声音?"我立即回答说:"钱老,既然您说到这里,那么,我如实向您报告,我也听到一些不同意见。有的年轻人说,怎么党的知识分子政策都落实到钱学森一个人身上了?"钱老立即说:"你说的这个情况很重要。说明这件事涉及党的知识分子政策问题。如果它完全是我钱学森个人的问题,那我没什么可顾虑的,他们爱怎么宣传都行。问题是在今天,钱学森这个名字已经不完全属于我自己,所以我得十分谨慎。在今天的科技界,有比我年长的,有和我同辈的,更多的,则是比我年轻的,大家都在各自的岗位上,为国家的科技事业作贡献。不要因为宣传钱学森过了头,影响到别人的积极性,那就不是我钱学森个人的问题了,那就涉及全面贯彻落实党的知识分子政策问题。所以,我对你说要适可而止,我看现在应该画个句号了,到此为止吧。我这么说并不是故作谦虚,要下决心煞住,请你立即给一些报纸杂志打电话,叫他们把宣传钱学森的稿子撤下来。"于是我回到办公室,立即照办,比如《光明日报》、《科技日报》等,都表示尊重钱老本人意见,明天不再见报了。有一个杂志,他们也表示尊重钱老意见,但下期的稿子已下厂排版,有两篇回忆与钱老交往中受到教益的文章不好撤下来。打了一圈电话,我到钱老办公室向他反馈信息。当他听到那个杂志这两篇文章无法撤下来时说:"这样的回忆性文章都是在一个人死了以后才发表的,我还没死,他们急什么?"我听了这话,扭头就走,赶紧打电话告诉该杂志的主编:"钱老把话都说到这个份上了,天大的困难你们去想办法克服,但稿子一定得撤。"

还有一件事情是,此后第二年"五一"节前夕,召开全国劳模大会。全国总工会给我打电话,说他们已通过表决,钱学森是全国劳动模范,并请钱老出席全国劳模大会。我将此事报告钱老以后,他说:"请他们务必不要如此。党和国家给我的荣誉已经很高了,不要把荣誉都堆到一个人头上,务必将这一荣誉授给别人,以便调动大家的积极性。"

以上是关于钱学森对待金钱、荣誉和地位的态度。他的崇高思想境界和高尚品德,使他成为一名优秀的共产党员,科技界的一面旗帜,全党学习的典范。这些品德看来和科研工作没有太大的关系。其实,一个科研人员,如果满脑子都是金钱、荣誉、地位这些东西,即使他很聪明,也成不了大器。科学是需要人们无私奉献的,古今中外,概莫能外。这里,我想引用钱老1978年在悼念他的挚友、著名科学家郭永怀时讲的一段话:"一方面是精深的理论,一方面是火热的斗争,是冷与热的结合,是理论与实践的结合。这里没有胆小鬼的藏身处,也没有自私者的活动地;这里需要的是真才实学和献身精

神。"这句话既是他对亡友的深切怀念,也体现了他的崇高思想境界。

2001年8月,江泽民总书记在一篇重要文章上批示:"我们应该向人民科学家钱学森同志学习。"纵观钱老走过的道路,他获此殊荣是当之无愧的。

科学人生体验

李曙光

一、如何做人
二、如何培养科学兴趣
三、如何学习
四、怎么做研究

【作者简介】 李曙光，中国科学技术大学教授，地球化学家。1941年2月15日生于陕西咸阳。1965年毕业于中国科学技术大学地球化学专业。2003年当选为中国科学院院士。

在变质同位素年代学理论研究方面较早发现超高压榴辉岩的白云母含大量过剩Ar，提出并证明了超高压变质与退变质矿物之间存在同位素不平衡，较早发现在低级变质条件下稀土元素可活动，且Sr-Nd同位素体系可被重置，首次精确测定了榴辉岩中金红石的U-Pb年龄。在化学地球动力学领域系统研究了华北和华南陆块碰撞过程,最早测定了大别山榴辉岩同位素年龄,获得华北与华南陆块在三叠纪碰撞的结论,系统测定了北、南秦岭一系列蛇绿岩及岩浆岩的同位素年龄,为秦岭造山带多陆块拼合模型的建立提供了重要依据。测定出大别山超高压岩石的二次快速冷却曲线,并通过同位素示踪提出了超高压变质岩多阶段多岩片快速折返模型。代表作有《华北与华南陆块碰撞时代及含柯石英榴辉岩形成:时代与过程》、《超高压榴辉岩中多硅白云母的过剩Ar:榴辉岩矿物的Sm-Nd,Rb-Sr和Ar-Ar法定年证据》和《大别山双河超高压变质岩的Sm-Nd,Rb-Sr年代学及冷却史》。2005年获何梁何利科技进步奖,2010年获国家自然科学奖二等奖。

我主要谈四个问题。第一,如何做人。做科学研究,我觉得最重要、首先的是要学会做人。第二,如何培养兴趣。如果你对工作领域没有兴趣、没有激情,那么这个工作可能很难做得好。第三,谈如何学习。第四,重点谈一谈我自己做研究的一些体会和经验,即如何去做研究。

我想先作一个自我介绍。我本人1960年以前是在天津上的小学、中学,然后是在天津十七中学毕业,当年考入中国科大,1965年毕业以后就一直留校工作到现在,没有动过地方。所以我的经历比较简单。改革开放以后,我1983～1986年到美国麻省理工学院地球与行星科学系做访问学者进修同位素地球化学;1986年回国;1993年被评为教授;1994～2003年先后到德国马普化学所四次,香港大学一次进行访问研究;2003年被选为中国科学院院士。

总结回忆我作为科学工作人员的一生的话,我觉得最重要的影响,就是科大的校训带给我的。我们学校的校训是老校长郭沫若的题词:"勤奋学习,红专并进"。这个"红专并进"对我一生影响比较大,因为上大学的时候,我们当时的口号是要做一个红色的科学家。"红专"这种提法,也是那个年代条件下的用语,实际讲的就是既要学会做人,又要学会做事,就是德育和智育两者关系的问题。

科学、技术与社会集

放到今天来看，它仍然是非常重要的、适用的。比如温家宝总理在同济大学建校100周年纪念讲话的时候，就提到：我们大学出来的人应该是一个关心世界和国家命运的人，而不是一个自私自利的人。他特别提出一点，就是强调在大学教育中德育的重要性。其实这样的校训，在所有大学里都是一样的，比如清华大学校训"厚德载物"，讲的也是德育和智育的问题，什么叫"厚德"呢？就是德育，只有你德育好，才能承载一些大事业。这一点对我影响比较大。

一、如何做人

首先我讲一讲怎么做人。关于做人的问题，我想作为一个青年大学生，首先要树立一种思想，即一定要做一个有理想、有事业追求的人，而不是做一个将来混碗饭吃的人。如果我们的目标仅是能够找一个稍微舒适一点、收入不错的工作就可以了，我想那样的要求太低了，应该有点理想、有点抱负。那么要有什么样的理想、什么样的抱负呢？人的一生怎么才算过得值？你的人生价值应当怎样去体现？

1. 人生观

对此有两种观点，也就是两个人生观。一种是，我活着只为自己,什么事情先想我自己。我觉得这种只为个人的人生观是要不得的,因为这样做的话你最终是孤家寡人一个,你得不到别人的支持,成就不了大事业。

我们都知道蒙牛集团董事长牛根生的创业很成功。他在一篇文章里面讲到如何分第一桶金的故事,我觉得很有启发性。他说任何创业者开始创业的时候都差不多,都是那么十几个人,七八条枪,就拉起个小企业干,但是差距在于你挖到第一桶金以后怎么分配。一种分配方案,认为自己是创业者,资金、主意都是自己的,所以把大头80%留给自己,零头20%拿出去分给与你共同创业的人。这样下去的话,你这个企业人心就散了,最后就跨了。另外一种,就是把80%拿来给大家分,我自己留20%。这样的话,大家把这个企业当成自己的家,就会团结更多人去干,最后这个企业会发展起来。后来他归结了一句话,叫"一个不关心他人的人就没有资格把别人的命运与自己捆在一起"。这句话说得非常好。因此,如果一个人的人生观是只考虑自己,那么他今后在事业上是不会有前途的,因为他不会有朋友。

我们提倡什么呢?我并不否定每一个人的个人利益,但是每一个人都生活在社会中,都要得到社会上其他人的帮助,所以我们应该提倡另外一种观点:"人人为我、我为人人。"这样一种人生观,就要求你要为社会、为别人去做事,同时你也将获得别人对你的帮助。这样的

话,你的人生价值就体现在对社会发展的贡献上,取得了社会对你的承认。社会承认你了,你的价值就得到了体现,你自然也就获得了相应的社会地位。希望大家在工作当中考虑问题,不能只关心自己,还要关心你的学生、你的同事,还要为社会做些事情。

人是社会的人,我们人和动物的区别有两点:第一个是人有理性,他能够主动了解世界,改造世界;第二个是人的社会性。我们大家都读过《鲁滨孙漂流记》,当他漂到一个荒岛、脱离社会时,尽管鲁滨孙这个人非常能干,他能够在荒岛上坚持下来、生存下来,但是他最终期望有一条船把他救出去,回到人类社会,他离开社会还是不行的。所以我想,我们做人的时候首先要把价值观理好。那么理好它为什么对人生非常重要呢?

拿我自己来说,我是1960年在高中毕业的时候入党的。我在刚上初一的时候参加了共青团,高三毕业的时候参加了共产党。在中学阶段,我觉得党团对我的教育基本上是树立要为人民服务、要为社会主义事业奋斗终生这样一个理想,这种人生观的设立的角度,是为人类、为社会的人生大局观。它对今后处理人生中所遇到的问题会有很大的帮助。

它让你不会因为个人荣辱得失而忘乎所以或者自暴自弃,有一点成就就觉得自己了不起了,或者遇到挫折以后就垂头丧气。

科学人生体验

我人生当中遇到的一个最大的考验是在"文化大革命"的时候。在1968年的时候曾经搞过一次党员登记,就是所有的共产党员都要重新登记。如果允许你重新登记,就承认你是中共党员;如果不被登记那么你就算自动退党了。当时,我们在北京房山石化工地上劳动,晚上召开全体会议的时候就宣布了第一批党员登记名单。结果宣布的名单上没有我。我当时感到非常震惊,为什么呢?

我们上大学的时候,从中学来的党员一共有五六个,我是其中一个,而且我一直觉得自己是勤勤恳恳地学习工作,一直表现都是不错的,为什么会没有我呢?我就找指导员去了,指导员说他也不清楚,这个事得问军宣团政委。劳动结束以后回到学校,我就找了军宣团政委,政委当时没给我答复,但过了几个星期以后指导员找我谈话了。他说知道为什么不给你党员登记吗?你丢过东西没有?我说我没有丢东西。他说,你再想一想,你是不是有一个歌本?我说我买过一个歌本,借给同学练歌用了,所以现在这个歌本不在我的手里。然后他就掏出一个歌本,说你看看是不是这本。他打开歌本,拿出一个主席头像,就是那种木刻版的主席头像。当时经常有一些毛主席最新指示印成新的语录卡片,卡片上面就是毛主席头像,下面就是新的语录。这个头像被对折,叠了一个"十叉"。指导员说在你的歌本中有这

科学、技术与社会集

么一个主席头像被对折叠了一个"十叉",所以有人向我们举报,说你对毛主席有仇恨。我说歌本是我的,但那个头像不是我的。我当时把我的语录本掏出来,说我所有语录卡片都是单张夹在语录本里头的,我没有把语录卡片剪下来贴在语录本上的习惯,所以这个东西不是我的。他说你认为是别人陷害你吗?我们会调查的。

指导员走后,我那几天感到非常压抑,我想如果调查不清楚,这个黑锅我要背一辈子。背着这个黑锅,我的党籍就不能恢复。作为那个时代的人,我们把自己的党籍看做第二生命,是看得很重的。所以我想很有可能这个黑锅要背一辈子,党籍得不到恢复怎么办?因为在"文化大革命"期间,这种事情很多,有很多人就从此自暴自弃,也有人自杀了。我想到争取入党时我的介绍人跟我谈话。他问我你为什么入党?我说我从小学参加少先队,到中学入了共青团,我觉得团组织的教育使我各个方面进步很大。现在我年龄到了18岁,我不想离开组织,要继续在组织教育帮助下进步,所以我就要求入党。他说,你说了半天,参加共产党全是为了你进步,为了你自己,这样不行。他后来给我讲了入党的道理,就是要有一定的理想、要有一定的追求,共产党的奋斗目标是最终实现共产主义,现在我们要建设社会主义。后来学习党章、听党课,再跟他谈话,我就说我已清楚了入党是为了建设社会主义,最后实现共产主义。介绍人又问我，如果现在组织不接受你，你怎么办？我回答说不接受的话，我再努力、再争取。他说，你再努力、再争取，由于种种原因组织还是不接受你，你怎么办？我说那我就不知道怎么办了。他说，这说明你还是没有在入党动机上想清楚。他说人首先要有一种理想和追求，不管你参加还是不参加共产党。我们过去有一些党外的同志，像鲁迅，他们虽然没有参加共产党，但是他们是共产党的同路人，他们同样为这样一个理想在奋斗，参加组织只不过是为了更好地将大家组织起来，实现这个目标。那么即使由于种种原因你不能参加这个组织，你同样要为这个理想而奋斗，这样才是真正树立了你的世界观。没想到当时入党介绍人给我讲的这些话，现在真面临这样一个问题了，即如果这个案子查不清，我恢复不了党籍，不是一个党员，今后该怎么办？

最后我想明白了，我还要为社会主义、为党的事业继续工作，继续奋斗。参加不了党组织，只是一个组织形式的问题。

我想通了以后，思想包袱就放下来了。我在工作、学习各个方面的表现没有任何两样。后来军宣团指导员说，这个人还是行的，好像这个事对他来说影响并不大。其实这个包袱就是自己从人生目的角度想通的。后来军宣团专门召开会议对案，把所有接触歌本的人召集在一起开会来对案。在对案的时候，问那个报案人

科学、技术与社会集

（是一个学生），你怎么发现这个歌本有这个东西的？他说，他回来睡午觉，起来的时候发现桌子上放了这么一个歌本，他好奇打开一看就看到了这个东西，所以就报案了。当时我就问，既然这个歌本夹的这个东西一翻就能看到的话，那么在他报案之前，这个歌本我借给同学，这么多同学拿着歌本练歌已经练了几天了，请问这十几个同学你们谁看到这个歌本里夹东西了？结果在座的同学都说没看见，说练歌的时候翻来翻去没有见过这个东西。我说指导员你看清楚没有，这个东西什么时候进去的？是这些同学练完歌之后在他报案之前，这个东西被夹进去的。我说这个歌本那时已经不在我手里了，跟我有什么关系吗？军宣团一想我这个话也有道理，所以从此以后再也不找我了。

　　1970年我们从北京下迁到合肥，在合肥办学习班学习，合肥工宣队从来不找我谈这个事情，但是合肥工宣队大概接受了北京军宣队的意见，把工作目标对准报案学生了。最后那个报案学生自己承认说，是他夹进去的，他这样做是因为受我校一个中层干部的影响，该中层干部说李曙光这小子跟我们不一派（"文化大革命"分两派），不地道，得想法整整他。该学生听了他的话，就想出这么一个办法整我。这件事情搞清楚以后，该学生得了一个处分。从这个事情来看，我觉得当时能够让我想开的就是这些大道理。在大道理明了的情况下，我在面对人生问题时不会在一些挫折面前自暴自弃。

现在,我们的祖国发展比以前好多了,有了这样一种人生观,即使和发达国家相比我们仍处于相对落后的状况,也不会嫌弃自己的祖国一穷二白或者总是抱怨社会对自己如何不公,就会乐观面对生活中的一些困难。看到国家一天一天富强,感到这里头有自己一份贡献,会从内心感到一份自豪,会有一种乐观的情绪。这就是一个乐观积极的人生态度。我觉得这是非常重要的。

我还想举几个例子,也是用这样一个人生大道理帮助我自己解决思想问题。我在中学时,是天津少年之家航模小组的成员。由于参加航模小组活动长达五年,所以我对航空事业非常有兴趣,下决心今后要做飞机设计师。所以我考大学的时候,第一志愿报的是北航。我的中学校长后来跟我说,李曙光你成绩不错,你干吗不报中国科学技术大学?这是中国科学院新成立的学校。我说我的志愿是学航空,我并不想去学别的。他说科大有一个力学系,钱学森在那儿当系主任。我一听,既然钱学森在科大力学系当系主任,他是搞空气动力学的权威,好,我就填报科大了。但是科大当时在天津招生的时候只要求填报学校,不填专业,去哪个专业一律服从分配。我为了表达对航空事业的爱好,第二志愿填了北航,第三志愿填了西北大学航空系,第四志愿填了哈尔滨工业大学航空系,第五志愿填了南京航空学院,在科

科学、技术与社会集

大后边是一溜航空院校和专业，我就想让招生人员明白我喜欢航空，希望把我分到力学系去。我万没想到在北京报到的时候，告诉我要到地球化学专业。我的心一下就凉了，当天晚上就没睡着觉，心想我中学六年想的就是航空，现在可好，上天不成，反而入地了。当时感觉好像自己的理想就完了，没有办法实现了。但是面临这么大的思想冲击的时候，我确确实实用了一天时间就想开了。为什么呢？我想我是一个党员，我的成长依靠党的培养，我今天上大学还拿了一个丙等助学金，全是人民供养自己，既然国家既有航空事业，又有地球化学专业，说明它们都是国家的需要，我们没有任何资本跟党在这个问题上讨价还价，总不能人人都去搞航空吧？既然是国家需要我做地球化学，我应该服从分配。至于兴趣爱好的问题，那只不过是因为我过去参加航模组，因为了解它，培养了兴趣。地球化学我毫不了解，未必了解以后就不会有兴趣。

我就是这样想通的，第一，我服从分配，第二，我尽量了解这个专业，培养对地球化学的兴趣。兴趣我觉得是可以培养的，所以我用一天时间就过了这个槛。后来有的学生说你为什么解决得那么痛快，我说就是大道理在起作用。后来我全心全意去钻研地球化学，没有动摇过。今天我觉得地球化学非常有意思，它有非常广阔的领域，有很多问题需要你研究，可以大展拳脚。从这个

科学人生体验

问题上也可以看出,人生观、大局观对处理人生问题的重要性。

我再举一个例子,1983年我被公派出国访学。第一次出国对我的思想冲击很大。那个年代我国刚改革开放,国家还落后,跟今天是不能比的。当时到了美国以后,发现我国与美国发展水平的差距是非常大的。当我们的飞机飞到纽约上空快要降落的时候,从窗户向外边望纽约,感到一种震撼,什么震撼呢?看到高速公路上汽车密密麻麻像蚂蚁一样,一边的灯是全红的,另一边的灯全是白的,从没见过公路上的车有那么多,当时就感觉到美国真是汽车王国。

那时一个感觉就是中国跟美国的发展水平差距太大了,当时感到别说50年,100年我们要赶上美国的发展水平也很难。在这种差距面前,当时出国人员产生了两种态度。一种态度是,认为我总算到了发达国家了,这里条件这么好,想办法不回国了。这里面有一些人,本来是公派的,到那儿以后想办法把国家公派任务扔一边,去读学位,然后就找工作不回国了。这种凭本事的还好一点儿,最可恨的有少数人申请"政治避难",谎称回国以后要受迫害。但是我们大多数人看到这么大的差距,首先想到中国真的不能再耽误了,中国必须奋起直追。今天国家搞改革开放,派我们到这里学习,我们必须赶紧学习,以后回国建设自己的国家,让它尽快追

337

科学、技术与社会集

上去。这就是另外一种态度。所以在我脑子里就从来没有想过我在这儿学完就待在这儿,而是只想学完就回来。

此外,到美国不久后,我的校友给我打电话,说现在有一个外快你干不干,美国一个石油公司要卖给中国设备,要对中国工人进行培训,它的教材需要翻译成中文,你如果帮他们翻译这个教材的话,会有报酬的。我们当时在国外,公费一个月只有400美元,很低,住的房子也很差,吃饭都是自己做,家里面还期望你从美国带彩电、冰箱回来,还得省点钱,所以大家手头都很紧张。有了赚外快的工作你干不干?当时我想,我是来干什么的?我拿着国家的钱、拿着人民的钱来了,是让我学习同位素地球化学,如果我去翻译这本教材,我要用很大精力做这个事情。当然美国教授是不管的,因为我没拿他的钱。问题是我这样做对不起国家。所以我谢绝了,我回复说我刚来,同位素地球化学我还不懂,我要集中精力学习,谢谢你的好意,这事我不干。我觉得在那扎扎实实打好基础,回国以后为科技事业进一步发展奠定好的基础,是我该做的。

再比如说提职称问题。在高校里头,教员对评职称都是非常重视的。我是1993年才提的教授。在之前的12年里,我的提职是不太顺的,我提副教授比别人晚,提教授也比别人晚,但我自己感到我工作比人家强,有时候觉得不公。在这些问题上，我想你如果整天牢骚满腹、埋怨这个埋怨那个也没有用。我想对于我来说，提职也就是晚一年、早一年的事，我做研究工作主要是为了科学事业，并不完全是为了这个职称。因此，尽管我心里有疑义，但是这不会影响我的工作，我会用我的工作来证明自己。最终，我的科学研究得到同行承认，我感到很欣慰。

2. 职业精神和职业道德

在做人方面，我还想谈另外一个问题：如何树立职业理想、职业精神和职业道德。在大学阶段，自己的理想比较具体化，因为科大当时叫"科学家的摇篮"，中国科学院的目标就是为国家前沿领域培养自己的"红色科学家"。我自己也树立了这样一个目标，我将来就是要当"红色科学家"，这是我的职业理想。职业理想要在工作中有所体现，它表现为职业精神和职业道德。职业精神是很具体的，我下面想结合自己的经验来谈一谈职业精神对人生的考验。

比如说，作为一个科学研究工作者，你是把科学研究当做一种事业追求，当做对真理的追求来看待，还是把科学研究工作仅仅当做一个谋生的手段，这就是一个对待科学研究的职业精神问题。科学研究在早期的时候，是一部分人有兴趣探索自然、探索真理，并不是职

业。很早的时候科学家做科学研究是他们在业余时干的,凭着一种兴趣做的。但是科学事业发展以后,成为生产力、成为推动社会发展的力量,就有很多人专职做科学研究了,它就变成一种职业了。因而现在科学研究具有两重性,它既是人类探索真理的研究、实验行为,同时又是一种职业,成为一种谋生手段。那么在这种情况下,你是把探索真理放在第一位,还是把作为谋生手段放在第一位?这就是职业精神问题。这个问题会影响到你的工作态度。

比方说,我刚才谈到提职的问题,职称提升显然跟你的谋生目标直接连在一起,与收入的高低相联系。但是如果你把它放在第二位的话,它不会影响你对科技事业的追求,你也不会闹情绪了,因为闹情绪会影响你对科学事业的追求,而那是你第一位的目标。

在国外进修的时候,你是兼职打工赚钱还是全心全意进修,这是个考验。我刚才讲了我的例子,我再讲讲美国教授对我们后来去的某些研究生的反映。我认识一个美国副教授,他跟我抱怨说,原来他很喜欢中国学生,但对后来的中国学生有点意见。什么意见呢?实验室为了保证研究生上课,平时不要求他们到实验室干活,一般在暑假的时候,希望研究生能在实验室从事科研工作,做一些实验室工作。然而有一些中国学生因为拿着系里给他的助教资助,暑假期间就不在实验室干活，跑到外边打工赚钱。他的理由是我没有拿你教授的助研岗位的钱，我拿的是系里助教岗位的钱，助教的事我做完了，暑假时间归我，我就去挣钱。那位美国教授就说了：但是你就不想想，这个助教职位不是凭你本事竞争来的，一个系就那么几个助教岗位，它是轮流分给每一个教授的。比如说，这个教授今年得到这个助教名额，就可以用助教职位资助一名研究生；明年这个助教职位就给另外一个教授了，那个教授可以用这个资助他的研究生。我再招研究生的话，我就得用我的研究经费资助了。所以他说：助教只是帮助你读博的一种资助渠道。他反问，你到美国来学习、读博士，是来追求学位的，还是赚钱来了？其实在我的实验室工作是博士培养的一部分，有很多实验室具体工作，具体的实验技巧、技术，都是在实验室工作中学到的，不是书本上可以学到的。那么你放下这个东西去赚钱，你的眼光是不是太浅点？这个美国教授抱怨的就是一个职业精神的问题。

再比如说，我们现在很多专业科技人员在工作中往往遇到这样的情况：你做得不错的时候上面就要委任你当官，学而优则仕。我认为应当是学而优则师。我自己1986年回国以后也曾经面临这个问题。当时也曾有人问我，你要不要到科研处去工作？我说我不去，我要在第一线当老师。为什么呢？主要不是搞管理工作不好，而是因为经过"文化大革命"，我有自知之明，对自己有

科学、技术与社会集

基本的判断,我这个人不适合做商业,也不适合做行政管理,我只适合做学术研究。虽然从中学到大学我一直在做社会工作,做得都不错,大家也都很认可,当然业务工作我也做得了,我学习也不错,可是经过"文化大革命",我逐渐认识到,学生干部的工作它只是为大家服务、为大家跑腿,做一些活动的组织,它不涉及利益分配问题。而真正的政治工作很复杂。这个社会首先有生产活动,是做蛋糕的,是把蛋糕做得大一点改善人的生存条件。人类的生产活动、科研都是做蛋糕的。但是这个蛋糕做好以后它要分,这个社会蛋糕怎么分就是政治工作。这里有分蛋糕的原则问题,有谁来掌刀分蛋糕的问题,很复杂。怎么分得让各个阶层平衡、和谐,同时还不能搞大锅饭,使做蛋糕的人能够有积极性将蛋糕越做越大,不能让这个蛋糕越做越小。这是很复杂的事情,需要体会、了解和协调各个阶层的利益,这个协调要求很高。我发现我干不了这个事情,我这个人钻点学问、认真去做工作还行。我认清了这一点以后,就一心一意去做我的专业技术工作,绝不动摇。所以我从29岁认清了这一点后,无论谁动员,我都不离开第一线。从我个人看,这也是一种有自知之明的职业精神。正是这样持之以恒地深入工作,才可能在科研事业上做出一点成绩来。

此外,我们做科研工作都需要申请经费,但是,是盲目追求项目经费多揽项目,还是为追求真理坚持把一个科学问题探索清楚,这也是一个职业精神问题。我们谈到现在很多科研人员整天在跑项目,叫做"跑部钱进"。用大量的时间去跑项目,哪还有时间做科研工作呢?其实在我看来项目经费只要能够支持你的科研工作进行就行了,我的看法是钱够花就行。你的科研目的应该是扎扎实实地对一个科学问题进行真正的探索和解决,有所建树。你把大量的时间花在跑经费上,而那个经费不是白拿的,拿的经费你都要去交账,势必把精力给分散了,最后等你退休的时候才发现忙忙碌碌干了一辈子,项目弄了不少,真正立得住的东西一个没有,最后你会发现,在专业上你是失败的。

毛主席告诉我们要集中兵力打歼灭战,科学研究是在全世界同行中争第一,不集中兵力怎么行呢?能不能集中兵力,这里有个关键问题:能不能舍弃一些其他的东西?打仗的时候,什么地方都想占,怎么集中兵力呢?科研也一样,它涉及你能不能舍弃一些项目和经费的问题。能不能舍弃的问题实际涉及价值目标和科研精神问题,究竟是钱重要还是你的科学实验重要?我们不能只看到项目多,绩效工资就高,劳务费提成也多,而忘记了科学研究的根本目标。

最后,能不能和同行进行合作、能不能容忍别人对你的批评,这个也是职业精神问题。同行合作里头,很

科学、技术与社会集

大的问题就是谁唱主角和谁唱配角,如果你把名声地位放在第一位,事事都要唱主角,那怎么跟别人合作?你没有办法合作,就是一个人干,而现在科学实验光靠一个人干是干不出来什么的。如果说你在科技事业上,把个人名声看得很重,容不得别人的批评,谁给你提反对意见就火冒三丈,马上怀疑他什么动机,认为他跟自己过不去,这样的话,就不能从别人的批评意见中发现自己科学研究中存在的问题,就不能前进。年轻、没有学术地位的人要切忌整天怨天尤人,投了一篇稿子被拒了马上就想谁谁谁审的稿、谁谁谁跟我过不去,人家给你提的学术问题你反而不去想,其实他给你提了问题是促进你改进工作的。项目没有批,也是埋怨"准是谁谁谁审的,跟我过不去",那样学术上不会有进步。当你有了一定的学术地位后,容不得批评,就变成了学霸。

真正做科学事业的人,他应当心胸开阔,应当想到真理的探索是无穷无尽的,没有一个人能够穷尽真理。如果一个人穷尽了真理,都让你一个人探索完了,那科学还要发展吗?这是不可能的。所以任何人,你做得再好,对科学的认识都是相对的,它都有值得进一步改进的地方、有很多不足的地方。我们要意识到盲人摸象,这个象太大,你摸的那点只是局部的东西。如果能这样看的话,就会欢迎大家批评,批评越多,你从批评意见中越能发现自己的弱点或不足。批评可以打破思维定式,使人从中想到很多问题,科学就可以前进了。

还有一个职业道德的问题。职业道德问题目前来说在国内比较严重。新浪网上有一次报道,测评大家对各个职业的名声排位。过去,科学家都是排第一位,后来看排在第二位了,反映出科学家集体名声在下降,这主要是因为一些科学研究不端行为增多,做假增多。另外学术泡沫现象开始浮现,比如说,仅仅追求论文数量,我们SCI论文数量大增,但是质量不高,很多论文重复发表。这样做,一个是浪费公共资源,另外误导大家的研究方向,其实垃圾文章发表多了也败坏你的名声。为什么科学研究不端行为增多了呢?当然外界的条件是我们现在社会处于转型期,本身浮躁,追求快速致富、快速成功,相互攀比,这种风气对我们科技队伍也会有影响,使得我们某些科学研究人员也希望走捷径,淡忘了科学研究本身的精神,而过分追求眼前的利益。因为科学研究具有两重性,既是追求真理也是谋生手段,所以科学家不能免俗,也会牵涉这个问题。但是这是外因,外因通过内因起作用,最根本的还是在我们科学家自己,你能不能把握住自己,能否提高对自己道德水平的要求。

职业道德问题其实很简单,基本原则是三条。第一条就是诚实,搞科学研究必须诚实。因为实事求是是科学研究最基本的要求,所以在科学研究上你不能做假实验,造假数据,你也不能删改数据,如对某些不理想的数

科学、技术与社会集

据,为了便于发表,自己把它删改了,这些都不行。另外,你不能剽窃他人的东西,既不能剽窃别人的数据,也不能剽窃别人的思想,还不能剽窃别人的文字。比如说,我们在看国外一些文章的时候,经常可以看到作者写自己这个思想是和哪个人通信获得的,说明这种私人通信获得的思想、信息也要老老实实注明。

而且你在这样写的时候还要事先征得他人的同意,"那次讨论你提供这个想法对我启发很大,在写文章的时候,我想引用这个思想,我注明是你提供的可以不可以",你要事先征得他人的同意。他如果说不同意,"这个东西我自己还要写",那么你就不能用,因为那是人家的。这就是一种诚实。数据也是这样,凡是别人没有正式发表的数据,在没征得别人同意时,不得引用,否则就算剽窃。还有文字,文字抄袭问题现在也比较多。有的人有这样的观念:数据是我的,这个实验是我做的,只是我在写英文文章的时候,因为英文不好,我只好找类似的文章,然后把人家大段文字复制过来。但是同行当中,有不成文的规定,如果有三句话连续一字不差地从人家文章中抄来,就算文字抄袭。我们有一些揭示出来的抄袭就是这些问题,他自己感到很委屈,说实验是我的、数据是我的,我这个结果没有抄别人的,但是你在前言中写研究方向和目的的时候整段把人家的文字抄过来,那也是别人思考的结果。

还有的人，为了制造一种他的成果是原创性的假象（实际上类似工作前人已经做了），在前面介绍研究背景的时候，根本不提前人工作，好像他是最早解决这一问题的。但是不提前人成果，审稿过不去，于是在后面讨论的时候提一下某某人的结果跟我的测试结果是一样的，实际上不是人家跟他一样，而是他的结果跟人家一样，他倒过来说了。这样写的话表面上蒙混过关了，实际上在同行当中会造成非常恶劣的影响，大家一看就知道人家发表在先、你发表在后，怎么是人家跟你一样？大家看了会觉得这个人不地道。还有的人把论文重复发表，或重复统计。比如说，我们《中国科学》有英文版和中文版，有的人统计时中文算一篇文章，英文也算一篇文章。这两篇东西是一样的，怎么能够算两篇呢？再有就是当不当挂名作者问题，如果这个文章你没有任何贡献，不挂名，也不安排别人挂名。如果是一个年轻的学生，以为把权威名字挂上以后审稿好通过，这是拉大旗作虎皮。这都是不诚实的。

科学道德的第二个要求就是认真，因为科学就是探索真理，就得较真，不能玩假的。所以在工作当中，我们强调"三严"精神，就是严肃的科学态度、严格的工作方法、严密的实验和观察。凡是有良好声誉的科学家，凡是一个好的实验室或在社会上声誉比较高的人，无不是在"三严"方面做得非常好的，因为这样才能保证他出的

科学、技术与社会集

东西质量好、可信。

另外,还要有小心求证的精神。一个成果出来以后不是急于发表,要反复验证它是不是真正可重复的,对实验结果的解释还要从不同角度反思一下,是否存在多解。不成熟的东西一定不要急于拿出去,最后发现错了,自己去纠正或者被别人揪着辫子批评都不好。

认真还表现在"坚持真理,修正错误"。为坚持真理,不怕权威。在我们科大有这样一个好风气,比如说,我虽是院士,但我的学生照样可以批评我。在一次会议上,我们有一个研究生就说了:李老师,你那个文献不对,有问题。后来我把文献找出来和他当面讨论,弄清楚了到底谁对。对此,很多人说你们科大还真不简单,一个学生在这样的大会上敢这样提出问题。我说就是要这样的风气。要真理面前,人人平等,一定要创造一个自由争论的良好氛围,学术才会前进。中国和国外在科技上的差距是全方位的,虽然硬件方面,我们在设备条件、经费条件上有一些差距,但最大的差距是学术氛围。自由探讨、敢于提问题、敢于质疑,这个氛围差一点。有时候我们经常遇到开完会以后没有人提问题的情况。

认真的态度还体现在实事求是地评价自己和他人的成果,包括项目申请。为什么我谈这个问题?因为我在做基金项目评审的时候,如果认为这个项目不好,就一定详细谈到它哪儿有问题,我甚至把文献都给列出来指出他的问题,希望他看了以后,有利于以后的申请,不是空洞地说几句话把人家否定了。但是,确确实实有一些评议人就是这么简单几句话把人家否定了,也不指出人家具体的问题,让人家摸不着头脑。这样的话,我觉得实际上是非常草率、非常不认真的,我把它叫做空洞的否定,这是非常有害的东西。但是也不要做无原则吹捧,尤其是做成果鉴定时,邀一帮人来动不动要鉴定世界先进水平,这是非常不好的事情。

还有一个大家常见的问题,就是引用文献一定要认真读过原文。我经常发现一些学生写的东西后面列一堆文献,后来发现文献引得不对路子,一问,这个文献他没有看过,他是看别人引用这个文献,所以就把别人的文献复制过来了,别人引用错了,他也就引用错了。这反映的也是一个科学态度问题。所以我在这里说,仅仅根据别人的引用来引用文献那是非常危险的,如果引用出错,造成的后果就是白纸黑字印在纸面上的学术污点。

在科研道德当中还有一条,就是要尊重前人工作。牛顿说过:"如果说我比别人看得更远些,那是因为我站在巨人的肩膀上。"其实我们所有人都是站在巨人肩膀上往上攀登的,你不可能脱离前人工作就达到现在这个水平。对前人知识产权你要有足够的尊重。现在有一

科学、技术与社会集

种情况是有人对前人工作不引用，以突出个人的成果。不引用前人成果很可能是因为知识产权观念淡薄，对前人数据、结论、模型，他认为好像都是自然而然，已经是现成知识，可以不引用直接用了。这个应当说都是知识产权观念淡薄的缘故。尊重知识产权在工程技术领域有专利制度给予保护。在自然科学上，新知识都是公开发表，没有专利，就是要用到这个知识时注明引用，这是科学研究共同体共同的道德准则，是对前人工作的肯定和鼓励，也方便后人求本溯源。因为只有这样，才能鼓励大家去创造，去发现新的知识。如果科研人员发现了新知识，别人都不注明引用，怎么去鼓励科学研究共同体再努力探索呢？科学研究本身是非营利的，它的最高奖赏就是得到社会承认并尊重科学家在知识上的发现权。因此我们在使用人家知识的时候必须要引用，不能剽窃，更不能重复发表。

另一个尊重前人工作的问题是"打死老虎"的问题。有一些科学问题曾经是个问题，后来经过大家争论和研究已经被解决了。有的人对这样已被解决的问题又重复做了一点工作，但是为了突出他的"创新性"，人家已经公开纠正的问题他不提，把人家老早发表的有问题的文章拿出来做靶子，说自己的工作纠正了他的问题。其实人家后续还有文章，已经更新自己的认识了，他却不提。我称这个为"打死老虎"。文章在某些审稿不严的情况下也发表了，实际上这些东西出来以后，最后大家会鄙视他，说这个人不厚道，人家已经自我纠正了，你为什么还在纠缠这个东西。也有的人曲解他人文章，提一些伪问题，对人家的文章不好好读，把人家的文章歪曲了，然后作为科学问题提出来加以评判。这样实际上是没有好好地对前人工作进行认真研究，没有做到尊重。

尊重他人劳动还要在写文章时将别人的贡献讲具体。我们知道文章最后都有一个Acknowledgements，致谢辞。这个里面通常会非常笼统地说，这个工作得到谁谁的帮助，文章经过谁谁的评议，表示感谢就得了。但是，对关键、重要的帮助在这里要写具体，比如说一个关键的思想是他提供的，你在文章中就要说某关键思想是谁提出的，要指明这一点，这是尊重人家，你们将来合作才能做到无话不谈。如果你不提，但关键思想又明明是别人提出来的，那么别人心里是有数的，会觉得你这个人不可交。

还有一点就是要历史地看问题。这个我特别对一些青年人来谈。改革开放以后，你们念大学，读博士学位，赶上了改革开放的好时代，有的出了国，在国外拿了博士学位，英文也很好，所以国际刊物文章发表得很多。但一些年纪大的人，像我这个年龄的人或者比我年纪还大的人，他们是在过去那个年代的封闭环境里做的

科学、技术与社会集

科学研究,没有赶上这么一个好时代。如果认为这些老人没有国际文章,就没有做成什么像样工作,我觉得就是没有历史地看问题,没有放在当时那个条件下看问题。实际上,你们这批人不是他们教出来的吗?他们那个时候环境封闭,国际论文发得少,但是他们在那个年代也做出了自己的成绩,我们国家那时的科技事业都是他们做出来的。所以,很多问题要放在一定历史条件下看,这也是对前人工作的尊重。

以上谈的这些问题我觉得都是科研道德问题,这需要我们在工作和学习当中逐渐去磨炼,只有这样,你的名声、学术声誉才会好。这个学术声誉英文叫做reputation,不仅取决于你的学术做的好坏,还取决于你做人做的好坏,两者结合,你声誉才会好。

二、如何培养科学兴趣

我们都知道,做科学研究、探索真理必须有浓厚的兴趣和强烈的创新欲望,要有激情。科学研究是一个很辛苦的事情,马克思说过,科学是地狱的门口。科学为什么是地狱门口呢?开始我不理解,后来我做了工作就理解了,因为它需要你付出一生的精力。我自己这一生没有休过寒暑假,在学校工作有寒暑假,但是我没有休过。周末也就是大概休息半天,照样干活。因为搞科学

科学人生体验

技术研究是跟全世界同行在赛跑,你要争第一,你没有超过别人的投入怎么能有超过别人的结果？在这么累的情况下,我的学生问我:李老师,你这么干觉得累不累？我说,我不累。为什么我觉得不累,因为有兴趣在吸引着我,因为我对我们现在搞的这个课题非常有兴趣,这个兴趣吸引着我,所以我就不累。如果哪一天我对做的事没有兴趣了,仅仅是为了这点科研经费做工作、为交账做工作,那我就不做了。所以兴趣很重要。

但是兴趣不是天生的,兴趣是后天培养的。当你说你对此事有兴趣,是因为前一段接触使你对它有所了解。像我刚才说的,我年轻的时候,中学阶段搞过航模,所以喜欢航空；后来搞了地球化学,对地球化学也产生了兴趣。这说明兴趣是可以培养的。产生兴趣的条件有三条。第一,你要了解它,知道它的未知领域在哪里,有哪些问题不清楚,有哪些问题有争议,因为只有知道有这样的问题需要去解决,你才能有所作为。第二,你还要了解这样的问题的研究意义何在,这个意义包括应用的意义,在国民经济或国防上的意义,科学上的意义。第三,就是你必须还要知道自己在这个问题上能有所作为,如果这个问题,如"哥德巴赫猜想",它很重要,炒得也挺热,但是我干不了,那不可能对它产生兴趣。只有这个问题你有可能解决,那么你才会产生兴趣。这三个条件都需要你对这个领域有一定的了解,不但有了

科学、技术与社会集

解,你还得有一定的知识基础和实验技能,使你能够去解决它,你才能产生一种实质性的兴趣,因此,不接触它、不了解它是不行的。所以我认为要了解它,要充实自己,这样产生的兴趣才是扎实的。

　　而最终能导致你为此奋斗的兴趣是在你有了成就感的时候。当完成这个工作并取得一定成功,你有了成就感以后,你再体会到对这个事情的兴趣的话,那是不一样的。实际上我对地球化学的兴趣变得实在和坚定,还是在"文化大革命"刚刚结束后,在20世纪70年代后半期,我参加了铁矿科研会战以后,当时我被任命为中国科学院鞍山本溪铁矿科研队弓长岭磁铁富矿的科研组长,我利用多元统计趋势面分析方法预测了一个未知深部富矿体的位置,并且被安排打钻验证,一钻就打到13米厚的富矿层,且正好是在我的预测位置上打到富矿。那时我才真正感到有一种成就感,就是感到我还能在这个事情上为国家做点事,这样兴趣就提起来了,后边的工作越做越带劲了。所以我觉得,在你没有了解情况时,你要相信一条,就是行行出状元,不要这山望着那山高,定下心来,对你这个行当进行深入学习了解,你会慢慢地提高你的兴趣。一个学科能够长期存在,本身就说明它是社会的需要。

科学人生体验

三、如何学习

一是要善于学习，二是要坚持终身学习。

善于学习的问题我觉得主要是掌握一个学习和研究的方法，而不是单纯往脑子里面塞知识，头脑不是一个容器，不仅仅是装东西用的。如果光是为了记忆东西，现在计算机磁盘就是最好的记忆器，有多少知识计算机都可以记下来，想找的时候我们一检索就可以找到，没有必要那么死记硬背。机器代替不了的东西就是思考，所以我们头脑最主要的职能是思考东西，它的思考能力，机器代替不了。

思考的能力要通过训练来提高。我们从小学以来一直做练习、做作业，尤其是中学做数理化的作业。那些作业题实际上都是有答案的，不是真问题。做那些作业题干什么呢？都是为了训练，是为了训练你的思维能力。比如说，学平面几何的时候，大家知道那些证明题、计算题都是很要用脑子的，很不容易。但是毕业以后，又有多少人用得上所学的几何定理呢？至少我这个搞地学的用得很少，也不是说全用不到，大部分定理我用不到。但是做几何题训练的是一种逻辑思维的方法，使你知道怎么严格地、非常清楚地论证一个事情，知道如何理清事物的因果关系。这种逻辑思维能力是通过这

个课程训练的。这是我最大的收获,一些具体定理我可能很多都忘了,但是逻辑思维方法的训练能让我受益无穷。所以我上学的时候,因为对做作业有这样的看法,就坚持所有的作业都独立思考,因为只有独立思考完成,我的能力才能得到训练。可以说,上中学以来,我从来没有一个作业是问别人的,全部是自己做的。我在别的地方讲这个问题时有人问,我自己想了半天想不出来了,能不能问问别人?我的回答是,第一,当然你也可以去问,但是问完了以后你要回头想一想为什么他能够想出来,你想不出来?在思维方法上你有什么差距?把这个原因搞清楚,以后再遇到问题时你就能够自己想出解决办法,最终还是要训练自己的脑子,使它也能够科学思维,在scientific thinking能力上能够有所提高。第二,我们面对的是做作业,是一种练习,这个跟我们在实际工作当中解决真正的未知问题是两码事。解决那样的实际科学问题还是需要大家的合作,需要互相探讨。你不要一个人闷头干,跟谁也不联系,那是不对的,因为那个问题不单纯是训练的问题,它的主要目的是解决问题。而且它涉及的知识可能是多方面的,我们每一个人的知识是有局限性的,而解决问题需要综合知识,所以必须要与熟悉不同领域的人合作。不要把我今天讲的训练思考能力做作业这个问题与此混为一谈。如果你能在做作业训练思维能力方面持之以恒的话,你的科学思维能力会大大提高，日积月累，你的思维能力会高于别人，会导致在解决实际问题的能力方面要超过别人。所以在学习上大家要关注提高思考和动手能力的问题，这样的话，你就不会死记硬背了。

我上大学期间从来不开夜车，我是吃完晚饭以后，晚6点半坐在教室干到10点半，4个小时，什么事我全干完了，包括当天作业和预习第二天的课程，全部做完了。然后晚11点我准时躺在床上睡觉，保证第二天精力充沛。我的课堂效率非常高，头一天课程都预习了，所以课堂上跟着老师的思维去转，基本在课堂上我把东西都消化了。

此外，学习还要虚心，不要不懂装懂。有的人人家讲的他没听懂，不懂也装懂，在那儿不吱声，玩深沉，其实他没有弄懂。我就恰好相反，从开始工作起直到现在，无论是跟别人一块跑野外、作调查，还是听学术报告，只要我不懂的问题我就问。我们在野外考察的时候，我是学地球化学的，还有一些学构造的、学沉积的，一起作野外考察。他们地质学家在野外讨论的某些东西我有时候不太明白，我就在野外现场一个一个地去问，有时候他们就说你的问题真多，可不问怎么办呢？不能就甘于不明白了。所以说，不要因为你是院士了，到哪儿都摆着个架子，这个是不行的，不懂就是不懂。正是因为这样的学习，所以我弥补了仅懂地球化学而不

懂地质方面的不足。所以后来他们认为,在国内所有搞地球化学的人中我的地质是最强的。我说我的地质学全部是问来的,全是跟你们一块跑野外问来的。所以我现在可以跟他们有共同的语言,可以讨论共同的问题,他们提的很多建议对不对,我有自己独立判断的能力,这就使得我获益匪浅了。另外就是在听学术报告的时候,我提问题也是有名的,任何一个学术报告,只要我在场的话,我都有问题提,为什么呢？一方面,提问是对他的报告的一个尊重,说明你的报告我认真听了,我很感兴趣；另一方面,我不懂就要问,对某些问题有质疑也要提出来,请你进一步解释清楚,这样,我也积极思考了,也消化和学习了不少的东西。这样的提问是对事不对人的,是为了探讨知识,不是给人难堪。

我建议大家要交学术的挚友。学术的挚友就是能够对你的学术问题不留情面地提意见和进行深入的学术探讨。我的最好的学术挚友现在已经去世了,他是澳大利亚华人地球化学家,叫孙贤鉥,他在国际上很有名气。我是在他1980年来中国第一次讲学的时候认识他的,后来我们就成了好朋友。为什么我交他这个朋友？他非常直率,你的一篇文章寄给他看以后,他会用红笔批得"狗血淋头",看完以后,有时你心里面很难受,但是你仔细看过和反思以后,会觉得受益匪浅,他给你提出了很多问题值得你去思考,去进一步研究它。最后你完成的这个工作和发表的文章质量就上去了，这是真朋友。我就怕交这样的朋友：你写个东西交给他了，他说"挺好的，投稿试试看吧"，就完了，两句话，什么实质意见都没有。如果作一个报告下面鸦雀无声，一个问题也不提，你什么收获也没有。所以，要交几个学术上的挚友，大家能够敞开提问题的话，对你的研究工作是非常有好处的。所以交朋友，大家心里面要有数，酒肉朋友、互相吹捧的朋友是没有帮助的。

第二个问题是终身学习。不要认为大学阶段或者是研究生阶段你学的东西就够了，你一辈子都要学习。比如说20世纪70年代的时候我就自学了多元统计，这在铁矿会战当中我就用上了。我在中学学习的俄语，70年代的时候我自己跟着电台补学英语。后来我的主要研究是做同位素地球化学，这都是在国外进修时学的，那个时候我已经42岁了，才开始学习的。现在为了适应地球化学的发展，一些新型的非传统同位素我还要看、还要学，这个就不多说了。

四、怎么做研究

最后我想谈一谈我做研究的一些体会和经验，结合我自己做大别山研究的故事来讲一下。我一生最重要的贡献是大别-苏鲁超高压变质带的变质年代学研究。

科学、技术与社会集

　　我先介绍这方面的背景情况。看中国地质图可知，中国的东部大陆是由两个大陆块拼合而成的，北边是华北陆块，南边是华南陆块，这两个陆块的碰撞形成了秦岭大别山这样一个造山带。我们都知道喜马拉雅山是印度板块和欧亚板块碰撞形成的，我们把这种山叫做碰撞造山带。在碰撞造山带，20世纪80年代中期有一个非常重要的发现，即两个陆块碰撞的时候，一侧的陆块可以向另外一侧的陆块下面俯冲，俯冲的深度可以很深，达到100公里以上，从而使俯冲陆壳在高压下形成含柯石英或金刚石的超高压变质岩。柯石英是石英高压转化的另外一种形态，它的压力要在90公里以上；如果发现金刚石的时候，它的压力必须达到120公里以上。此外，还有一些特别的矿物出熔结构，表明它们俯冲深度可以达到200公里。现在我们在地表能见到这类岩石，说明大别山俯冲到深部，在高压下形成的石头已经折返回到地表了。这个现象发现以后，在国际地学界引起震动，因为以前认为陆壳比较轻，它漂在地幔上面不会往下冲，现在能够冲到那么深的话，确实是想不到的一个事情。于是人们开始研究这个问题，形成了一个国际研究热点。中国大别山造山带是世界上最大的一个超高压变质带，它出露的超高压变质岩的面积，在全世界是最大的，从大别山，经苏鲁，到胶东都是。另外，该带出露的超高压变质岩石种类也最全。对大别-苏鲁超

科学人生体验

高压变质带的研究我们面临两个重要的问题,第一个是华北和华南两个陆块是什么时候碰撞的? 碰撞时代可以通过测定这种超高压变质岩形成时代来确定。研究什么时候碰撞对研究中国东部大陆岩石圈演化是非常重要的,因为这个碰撞作用影响整个中国东部大陆的演化和成矿作用。第二个是超高压变质岩冲到了200公里深,冲到地幔里去了,但是今天它返回到地表了,而且高压矿物柯石英在折返减压时还保存下来了,它是怎么快速返回的? 这是国际上大家感兴趣的两个问题。这两个问题研究中的细节我不说了,我只讲一讲我的三个代表性论文是如何在研究这两个问题过程中获得的。第一篇《华北与杨子陆块的碰撞及含柯石英榴辉岩的形成:时代与过程》,这是1993年在国际杂志 *Chemical Geology* 上发表的。2006年我查它的引用量是244次,是这个领域当中的一个经典论文了。第二篇是《榴辉岩中多硅白云母的过剩Ar——来自榴辉岩矿物Sm-Nd, Rb-Sr和40Ar/39Ar法定年的证据》,这篇文章是谈在榴辉岩中有一种高压矿物——多硅白云母,过去都认为它是可用来定年的,后来我发现用它定年不行,有过剩Ar。我是最早发现这个矿物含大量过剩Ar的。这篇文章到2006年也被引用了138次。第三篇是《中国中部大别山双河超高压变质岩及其围岩的Sm-Nd和Rb-Sr年代学及冷却史》。它是我们用年代学研究超高压变质岩折

返历史的论文。超高压变质岩从200公里深处折返地表的时候,它的温度、压力在下降,这个温度下降的过程可以用温度时间曲线来描述,它可以用同位素定年技术测定出来,给出它在什么年代冷却到什么温度,从而做出一个时间温度曲线。这篇文章是2000年发表的,发表在最权威的《地球化学与宇宙化学学报》(*Geochimica et Cosmochimica Acta*),那么到2006年也是被引用了118次。下面我围绕这三篇论文怎么出炉、怎么选题,来看看我们怎么做研究。

做研究工作首先是选题,选题成功就成功了一半。一般来说,第一,你要抓重要而有意义的问题,占领前沿制高点。如果你选的问题是一个没有多大科学意义和重大应用价值的问题,你再折腾半天最后它的科学价值也不会大,不会有好的成果。所以对这个自己要有判断力。

要培养科学的判断力,第一条是要提高科研的品位和科学的鉴赏力。我们知道穿衣服是有品位的,一个人如果在乡下,从来没有去过大城市,他的穿着品位大概就是他们县城的品位,不会懂得现在时髦的是什么东西。如果他到了上海,生活几年,出席各种场合,他就大开眼界了,他的穿着就变了,他的服饰鉴赏水平就提高了。科学研究也是一样的,你必须要看国际好杂志的文献才能提高你的科学鉴赏水平。我跟我的研究生说,你不能光看中国国内的文献,因为我们中国现代科技研究水平还不是国际最高水平,光看国内文献,你就不知道什么是国际水平。你一定要看看国际权威的杂志,那些文献你要经常去看。这样的话,才能提高对科学的鉴赏力,你才能知道什么是科学前沿,科学研究做到什么深度才能获得公认,你才能知道科学高峰在哪里。我们常说要攀登科学高峰,如果连科学高峰在哪儿都不知道,攀登什么高峰呢?所以这个东西没有别的诀窍,就是要看那些好的杂志、国际一流的杂志,要多看。最后,有机会多参加这些学术会议,通过国际学术会议去提高。

第二,也不能眼高手低。我们说要选重要的课题,但不能看这个也不行,没有多大意思,看那个也没有太大意思,看来看去不干也不行。能力要在实践当中不断提高,没有一个人刚毕业的时候水平就很高,很轻易选到好课题。除非你去做研究生,老师一下子把一个重要的前沿课题给你做,读研究生和不读研究生最大的区别就在这儿了。我是没有读过研究生的,完全靠自己摸索。我到美国访问以后,才摸到我这个大别山超高压的题目,才一直做下去的。前面我也在摸索,做过各种各样的题目,但是那些工作不是白做,那些工作积累了我各个方面的知识和基础研究训练,使自己的科研能力逐渐提高。

第三,我认为还要有一个不甘平庸的创新意识。也

科学、技术与社会集

就是做工作不能做得一般化,要做就做出一流的东西来,要超过前人。如果说自己没有不甘平庸的创新意识,总是跟着别人跑,一看什么热,人家在做了,照着人家思路也做一个,这样的工作是没有出息的,因为这样你永远不可能超过别人,永远不可能做出一流工作来。

第四,在科学上要嗅觉敏锐,要了解相关领域的进展。科学突破确实有一个机遇的问题,比如说1984年在阿尔卑斯山和挪威西部发现了柯石英,人们才开始知道陆壳可以俯冲至地下90公里以上。我1985年就测得了大别山榴辉岩年龄数据,但那时我在麻省理工学院访问,读了很多玄武岩同位素文献,却很少读变质岩文献,不了解1984年的造山带柯石英重要发现。因此,那个时候我虽然测了这个年龄数据,可我还没有意识到什么是陆壳俯冲,也不了解该年龄的真正意义。后来为了了解榴辉岩年龄的意义,读了相关文献,我才知道榴辉岩是陆块碰撞的产物,才知道1984年在阿尔卑斯山和挪威发现了柯石英这一重要进展和陆壳深俯冲概念,我马上意识到我做的大别山第一个榴辉岩Sm-Nd年龄有指示华北和华南陆块碰撞时代的重要意义。于是我就抓住这一机遇,在1986年回国以后,把原来在美国做的太古代的题目和其他题目全都扔了(我到现在为止还有一些在美国做的太古代的数据放在抽屉里面没有写文章),我就集中精力抓住超高压变质和大陆深俯冲的题目去做研究，1987年我申请的第一个国家自然科学基金就是系统做大别-苏鲁的榴辉岩Sm-Nd年代学，这个方向一做就是20年。所以要抓住机遇，就要非常敏锐。如果我能更早一点读到1984年柯石英的文章，我的第一篇大别山榴辉岩年代学文章就不会拖到1989年发表。

另外，选题有时候有这样的问题，有心栽花花不开，无心插柳柳成荫。我做大别山榴辉岩课题就是这样的。现在具体讲一下我是如何选择大别山超高压变质岩研究课题的。我开始搞大别山研究是在到美国麻省理工学院进修前，当时麻省理工学院指导教授S.R.Hart要我做新生代玄武岩，是比较近期的一些来自地幔的岩石，目的是研究地幔。但是，比我先出国的三个同事都做这个题目，当时我就不愿意去做，我心想已经有三个人去做这个研究工作了，我第四个到美国去，还拿这个样品去做，重复研究没意思。既然大家都做地幔，他们搞现代的新的地幔，我搞老的。因为我在鞍本搞太古代铁矿有基础，所以我就带了很多太古代的来自地幔的绿岩带样品去研究。后来我的朋友孙贤鉥给我提出建议，说秦岭这个碰撞造山带很重要，问我是不是利用在美国的机会做这方面工作。因为大别山和秦岭是一条造山带，所以大别山我也作了调查，我同样采集了一堆地幔来的超镁铁岩，还是想研究地幔，并没有想研究大陆碰撞这一类课题。但是我在调研文献的时候就发现大别

科学、技术与社会集

山绕拔寨超镁铁岩中有一种岩石——榴辉岩,我就采了一块。榴辉岩很适用于Sm-Nd同位素定年,在麻省理工学院学习了Sm-Nd同位素,我就测定了这个榴辉岩的Sm-Nd年龄。前面已说过,我是获得了年龄才看这类文献、理解了这个年龄的意义,发现原来榴辉岩是两个陆块在碰撞的时候,在高压情况下形成的,它有非常重要的构造意义。接着大别山1989年也发现了柯石英,而我获得的这个年龄恰好是1989年在《中国科学》发表的,那么我就成了大别山研究陆壳深俯冲第一个发表这样同位素年龄的人,因为我理解了这个问题的重要意义,就决定把我的科学研究全部转到这方面。所以,原来没有想做这个东西,但是无心插柳柳成荫,超高压变质反而成为我后半生研究的重点。

所以我的体会是这样的:科学问题更多是在科学实践当中发现的,不是空想出来的,如果我当初没有抱着做地幔的想法搞秦岭大别山镁铁、超镁铁岩,去详细采样,从而发现一块榴辉岩并把它采来,先把它做出来,也就不会有后来这样一个课题。同样,我们还要不断去学习,努力理解资料的意义,要关心其他学科的进展。如果说我后来不从文献中了解到变质岩学发现了柯石英的重要进展,了解了他们的发现和意义,我也不会意识到我测得的年龄的重要意义,也不会决定要全身心投入做这方面研究。因此,实践和学习我觉得都很重要。这是第一个体验。

第二个科研体验就是,科研成果要经得起检验。任何一个重要的发现,都会有更多的人重复验证你的成果,只要你的成果是重要的。除非你这个成果不重要,没人搭理,发表就发表了,就是废纸一张。只要是重要的,必然会有国际、国内一批科学家要重复地检查、核实你的成果。这是科学发展的自然规律和法则,就是科学要经得起检验,经不起检验、不能重复,这个成果是得不到承认的。因为有人检验,所以来不得假,假的都会被揭穿。要想成果经得起检验,关键是做事一定要认真,一丝不苟。

我最早报道的 Sm-Nd 同位素年龄是 240 百万年,属早三叠纪,这个年龄测出来以后,在国内引起了很大的争议,很多人不承认。不少人采样重测,测出的结果除了有和我相同的 220~240 百万年,还有 2500 百万年,还有 800 百万年、400 百万年,什么年龄的都有了,还有测得约 50 百万年,都有发表,争论了 10 年。大别山发现柯石英后,众多国际研究人员也来了,当时号称是"八国联军"进军大别山,实际上来的国家不止 8 个,我算过大概有 10 个国家都到大别山做过工作。但是所有的国外研究室做的数据都支持我的结果。后来我们国内引进高精度离子探针,那些原来持不同意见的人自己拿探针做,做出来的结果也证明是 230 百万年左右。因此现在

这个早三叠纪碰撞时代已经获得公认了。

那么为什么我测的这个年龄经得起大家检验呢？关键是我做这个工作的时候矿物样品挑选得非常纯净。我在麻省理工学院进修获得的一个非常重要的收获，就是挑选矿物样品，要在显微镜下一颗一颗仔细地挑，指导老师S.R.Hart告诉我，你要把一个矿物颗粒的六个面都看到，不能有任何一点蚀变。我将单矿物样品全挑完了以后，他又说你用盐酸把它洗一洗，洗完以后再放到显微镜下挑，我洗完了以后每一个矿物都亮晶晶的，跟宝石一样，在这种情况下，矿物颗粒边角稍微有一点蚀变，就看得很清楚，再把它挑一遍。这样做出来的东西，我可以保证它绝对新鲜，没有任何外来杂质（比如说后期的蚀变），它的信息绝对代表原始信息，我心里有底，数据绝对可靠，经得起检验。所以有人说通过大别山定年这个工作，你得到了这样好的成果，里头有什么诀窍呢？我说没有诀窍，就是趴在那里不辞劳苦，老老实实挑矿物，认认真真挑，一丝不苟，就是这样，很简单的。所以，我觉得科学要认真做，这是非常重要的。

因此，第三点体会就是要肯做艰苦细致的工作。不入虎穴，焉得虎子。其实从道理上来说，我们地球化学测任何样品都要非常新鲜，不能蚀变，要代表真正的原始信息，这个道理很简单，人人都懂，上课的时候就知道了，但是为什么很多人测错年龄？都是不老老实实在显

科学人生体验

微镜下做这种艰苦工作的结果。我们曾在专门学术会议上为这个开了专题研讨会，大家在一起辩论。我问一个学者：你这个矿物在选矿师傅帮你选出来以后，还挑不挑？他说不挑，纯度90%以上了，还挑什么？我说，90%你就不挑了，100%的纯度我还得挑呢，因为轻微蚀变矿物选矿方法是无法把它们分离出来的。他说，那能有多大影响？我说，我测过，影响大得很。人们为什么不愿挑矿物？因为挑矿物太烦了，太枯燥了。一个单矿物样品，早中晚三班挑，我要挑一个星期，就是在显微镜下面一颗一颗去挑，那是非常枯燥的。听说国外有的实验室，放显微镜挑矿物的小屋里，墙上贴了很多美女的照片，用来干什么呢？主要是太枯燥了，学生休息的时候看一看，养养眼。这是个艰苦的工作，但是你必须这么去做，严格做了，你就成功了，不这么做，结果全失败了，尽管有的文章写了，但最后都证明是错误的。我有一个研究生，他开始测年龄的矿物样品，我都要亲自检查，他挑好以后我再查。后来我说，你已经知道规则了，我就不检查了，你自己要保证质量。但后来他自己放松了，结果数据出来以后发现完全不能用。本来我们是想测等时线年龄，数据应该呈很好的线性，结果数据都不成线。我说怎么办？钱也花了，时间也搭进去了，这个数据是废物，一点用都没有，样品也废掉了，你买一个教训吧。所以科学实验来不得一点侥幸。

科学、技术与社会集

我在这里再讲几个科研成功的实例。我刚到麻省理工学院的时候，S.R.Hart给我介绍他的一个研究生的工作，他刚有一篇文章在《自然》上面发表了。他做的工作就是从南非金刚石矿买一堆废金刚石做实验。我们知道金刚石是被一种叫金伯利岩的火山岩从地幔深部带上来的，这个地幔同位素的组成是什么样的，大家都不知道。很多人对这个深部上来的携带金刚石的岩石（金伯利岩）进行测定，测定结果大家不信，说这个火山岩上来的时候，周围围岩对它混染很厉害，所以不一定代表地幔组成。那么怎么办呢？他就买废金刚石，金刚石里有包裹物，包裹有石榴石，小红点。买回来以后，把金刚石压碎，把非常小的石榴石包裹物在显微镜下一颗一颗挑出来，要挑多少呢？一个样品要10毫克，10毫克小矿物包体矿物要好多好多，他花了大量精力在那里挑，一共是三个样品，然后他去测，测完以后这个数据没有人不信，为什么呢？这个石榴石是包在金刚石里头的，它不会受外界的污染，而且金刚石形成是在高压下在地幔深部形成的，绝对是代表地幔组成，所以获得了一个真正富集地幔的同位素信息，三个数据就在《自然》上发表了。所以好数据不要多，不要贪便宜。便宜没好货，好货不便宜。那些很轻易采的样品，拿来就做全岩粉末分析，得出一大堆数据是不值钱的，那需要你有很好的idea，很多的数据量，才能说明一个问题。我的一个学生有一篇国际论文,是关于榴辉岩的金红石的U-Pb定年。这是在国际上发表的第一个精确的榴辉岩金红石U-Pb年龄。他做了多少实验?就这一个年龄在实验室做了7个月,当然不光这个样品,别的样品他也做了,都失败了,因为这些样品U/Pb比太低,做不好,只有这一个样品发现U/Pb比高,另外他要反复摸索实验条件,做了7个月。

我下边谈第二篇论文,就是多硅白云母过剩Ar怎么被发现的故事。大别山这个榴辉岩,当时大家定年是用Sm-Nd法,获得年龄呢,都定230百万年,但是有一些人是用Ar-Ar法来做,因为通常认为白云母是做Ar-Ar年龄最好的矿物,做完年龄以后获得的结果从400百万年到1000百万年什么年龄都有,而且很多是国外实验室做的,比如说法国、日本。后来法国科学家把他们的数据在法国杂志上面发表了,说大别山的超高压变质不是230百万年,是600~700百万年。同样的矛盾在阿尔卑斯山也发现了,那里也有超高压变质岩,Sm-Nd年龄和锆石U-Pb年龄获得的是40百万年,而Ar-Ar法获得的年龄是100百万年,它们之间也发生了争议。对这种争议,我当时也思考了,我相信Sm-Nd年龄,但为什么Ar-Ar法给出的年龄不同?我认为很简单,就是因为多硅白云母含过剩Ar,所以,我当时不理会他们,我当时就是这个态度。我的朋友孙贤鉥给我写信说,你不理他们不行,你

说白云母有过剩Ar,你得证明它是有过剩Ar的。所以我就开始设计这个实验。我找了两个样品,都是含有多硅白云母的榴辉岩,我用三种不同的方法对同样两个样品进行年龄测定,每一个样品获得三组不同方法的年龄数据。结果发现了Sm-Nd年龄和Rb-Sr年龄完全一致,都是226百万年左右。而且这次做得很精细,可以证明矿物之间都达到了同位素平衡,但是这两个样品的Ar-Ar年龄都给了很高年龄,都是800多百万年,将近900百万年。于是就这个问题我写了一篇国际论文,这篇文章就成了为白云母含过剩Ar提供坚实证据的第一篇文章。1984年发表以后,在1985年大量阿尔卑斯榴辉岩白云母含过剩Ar的文章也发表了,因此白云母过剩Ar的研究成为当时国际上的一个小高潮。所以,在研究过程中,不要回避矛盾,要发现矛盾,有争议是好事情,有矛盾也是好事情,因为解决矛盾、探索产生矛盾的原因,就会有新的发现。如果没有问题,没有矛盾,科学研究就进行不下去了。

还有一个体会是"咬定青山不放松",要做深入研究。做研究工作一定要持之以恒,要深入研究,不要浅尝辄止。到1993年的时候,我已经对大别山榴辉岩的研究做了很多工作,不光做了Sm-Nd年龄,也做了U-Pb年龄,后来还发现了过剩Ar,把年龄矛盾争议解决了,当时就感到大别山还有什么可做的呀?我觉得年龄都很清楚了,所以那个时候想大别山工作还要不要搞下去,是不是该转移阵地了?后来我深入想了一下就感到,我们已报道的这些年龄在用来解决超高压变质岩折返历史问题的时候,年龄误差还是太大了,因为这个折返过程在20百万年之内就从地幔折返到地表了,要把它这个过程搞清楚,我们的年龄测定误差必须小于5百万年。而当时发表的年龄误差就在20百万年左右。所以说,要想进一步工作,就要搞精细的年代学,要搞冷却历史,要测冷却曲线。这样,我就必须把年代学研究深入下去,把造成年龄误差大的原因搞清楚。后来我想,就啃这个硬骨头,决定做超高压变质岩精确年龄和温度冷却曲线测定,查明它的折返历史和机制。

为此,我开展了三方面的研究。第一个方面,对大别山双河的超高压变质各类岩石做冷却年龄曲线,而且搞清楚它们矿物之间、不同同位素的平衡关系,从而获得它们高精度的年龄。这个工作刚才我已经说了,是2000年在《地球化学与宇宙化学学报》上发表的,到2006年引用了118次。另外一个方面,我们去测定榴辉岩金红石的年龄,因为金红石封闭温度低,470℃,我们定这个年龄就可以知道它折返冷却到470℃的时候年龄是多少。这个工作也是硬骨头,我们一个博士生用7个月时间把它攻下来了,成果在国际著名杂志上发表了。还有一个方面就是开展大别山Pb同位素的填图,发现不同的

岩片有不同的地壳性质。这个我就不详细说了，这个工作先在《中国科学》杂志发表，后来对苏鲁地区更精细的工作也是在国际杂志上发表的。

做深入研究就要求我们集中兵力打歼灭战。为什么要集中兵力打歼灭战呢？因为基础研究是国际竞争，只有第一，没有第二，我们跟国际上相比，经费没有他们多，设备没有他们好，学术环境不如人家，在这样的情况下，我还要跟人家去争第一，怎么办？我只有集中兵力。如果国外同行科学家同时在做三个方面的研究，我就集中做一个领域的研究，这样的话，我的精力就比他集中，我就可以在一个领域上超过他们，这就是我的逻辑。几十年来，我就是用这样一个逻辑坚持做大别山研究的，所以在大别山研究上我始终能够在国际上走在前面。另外一个就是，要摆正申请项目和搞研究的关系，钱够花就行了，我从来不多申请项目，能支持我的研究就行。这里的关键是要懂得放弃。

最后一个体会是做研究要尊重事实，修正错误，用科学精神进行研究。我发现有一些科学家，他们做工作，一旦产生一个模型以后，就千方百计维护这个模型，凡是跟他的模型相抵触的意见或观察，就采取不太容易接受的态度。实际上，我觉得模型、理论等这些东西都是对自然界的一种解释，都是为了解释自然界，解释你的数据，是你脑中构思出来的东西，是一种主观认识。

这种认识的正确性，是相对于你现在的观测资料而言的，如果你能够把现在的观测资料全部解释好了，自圆其说了，我们承认它在现阶段是正确的，但是有了新的观测资料，它和你的模型有矛盾时，你这个模型就必须修改，以便能更全面地解释所有的观测资料。所以，要用这样开放的态度看问题，就不会保守了。一定要尊重一些正确的、新的观测资料，它们是第一性的。这样你就可以反过来反思原来的认识，就不会故步自封，就会与时俱进。所以，不能把科学研究这个东西变成一个教条。甚至有一些外国学者说得更刻薄，科学不是宗教，科学是一种对真理的探索，是在辩证争论中不断发展的，是随着观测资料的增多而发展的，没有哪个模型是永恒的。所以，必须要有"人都可能犯错误"这种认识。我自己其实在科学研究中也有过失败，也有错误的结论，只不过我发现了，自己主动去纠正它。自然是复杂的，因此盲人摸象的片面性是不可避免的，但是如果我们能自觉认识到这一点，就可以少犯坚持片面认识的错误。任何模型的正确性都是相对的，真理是不可穷尽的，不可故步自封。这个体验，对指导我们的工作是非常重要的。

建设基于中国科技发展的国际学术交流平台

朱作言

【作者简介】朱作言,细胞及发育生物学家。湖南澧县人。1965年毕业于北京大学生物系。1997年当选为中国科学院院士,1998年当选为第三世界科学院院士。曾任中国科学院水生生物研究所所长,国家自然科学基金委员会副主任。2006年被授予英国阿伯丁大学荣誉科学博士学位。

合作开展鲤鲫间的细胞核移植,首次完成了脊椎动物异种间克隆。领导开创了鱼类基因工程研究新领域,成功研制出首批转基因鱼,提出转基因鱼理论模型,并构建了"全鱼"重组基因表达载体,为鱼类基因育种奠定了理论和实用化基础。揭示了鱼类GH基因结构对研究脊椎动物早期演化的特殊意义。

建设基于中国科技发展的国际学术交流平台

谈到中国科学院,大家可能会想到很多研究所,如在西安就有好几个研究所,北京、上海等全国各地也都有。实际上,中国科学院除了有100多个研究所以外,还有另外一个很重要的部分,叫做学部。学部的功能与任务归纳起来主要有四个方面:一是院士的选举,这是一项很重要的工作。二是作为国家思想库,提供社会经济发展方面的战略研究和咨询建议的工作。三是组织广大院士,发挥明德楷模作用,联系全国的科学家,为营造一个优良的学术环境共同工作。四是科学普及、学术交流和学术出版方面的工作。大家知道,从事科学研究和技术创新的工作者,除了推动科学和社会经济的发展之外,还有一项很重要的任务,就是普及科学知识,提高全民科学意识和素养。一个国家的社会经济发展水平和文明程度,是与广大国民的科学素质密切相关的。所以,我们应该在这方面多做工作。中国科学院学部的报告会,对象包括社会各个层面的公众,从高层管理干部、大中小学师生、社会团体成员到边远地区各族人民。希望通过这些活动,推动和加强科学传播与普及,同时,也加强广大科学院院士与公众的联系和近距离接触。

我要讲的问题是建设基于中国科技发展的国际学术交流平台。什么叫做学术交流平台?为什么要建设这么一个平台呢?我想简要介绍一下总体情况。

首先,我们国家科学发展很快,可以说是全面的快

科学、技术与社会集

速发展。实际上,在10年或者更长时间之前,如果谈到我们的科学技术,似乎总觉得在西方人面前矮了一截,说话不是那么理直气壮,谈到国际合作研究的话,多半是一种单向性的受惠于别人。现在的情况已经完全不一样了。最近,科学技术部部长在一个材料中讲到一些统计数据。比如说,新中国成立初期和现在相比,科技人员从5万人发展到4 000多万人,实际上仅仅从事基础研究和纯科学研究的就有30多万人,这是一支相当庞大的队伍。另外,科研经费在新中国成立初期不过是几千万元,到现在国家每年的投入已经达到2 500亿元,如果再加上社会各个方面对科技的投入,已经达到4 570亿元,占整个GDP的1.52%。可能大家不是很清楚占1.52%是多还是少。我们可以衡量一下,西方比较发达的一些国家,如OECD(经济合作与发展组织)国家,包括美国、英国等,一般是在2%～3%,个别的国家,像日本、以色列、芬兰、韩国,占到了4%～5%,而我们国家曾长期在百分之零点几徘徊,这几年大幅度地提高,预计到2020年要达到2.5%,即达到OECD国家的平均水平。

我想举一个例子。因为我在国家自然科学基金委员会工作了比较长的时间,对那里的情况比较熟悉。国家自然科学基金委员会是1986年成立的,当时一年的经费是8 000万元,后来每年以20%以上的速度持续增长,远远高于整个GDP的增长速度,到2008年是60多亿元,

建设基于中国科技发展的国际学术交流平台

2009年是70多亿元,2010年财政部的计划额度是83亿元,加上待消化的存量,2010年国家自然科学基金委员会实际运作的基金额度达到90亿元。

  从全国来看,不仅仅是科研人员数量和科技投入经费大幅增加,还有一个重要的方面,就是国家整个科技布局更加趋于合理了。可以说,国际主要学科领域前沿的研究工作,在我国都有所反映和体现,而且研究的内容和深度,越来越接近国际科学界的主流。科学论文发表的数量是反映科学研究状况的重要指标之一。1990~2000年,我国发表科学论文数低于英国、日本、德国、法国等国家,但呈逐年增加的趋势。2000年以后,我们国家发表的科学论文数和这几个国家基本是一致的。当然,美国是高高在上,但我们现在已经从第二阵列脱颖而出,达到了第二名,超过了英国、日本、德国、法国等国家。物理学家王鼎盛先生提供了一个统计数据,就非常说明问题。他收集了物理学和天文学450多种重要期刊,包括中国的几个期刊在内,1996~2007年,美国发表的论文数基本稳定,每年发表18 000篇左右。英国、法国、俄罗斯、日本、德国等国家也基本稳定,在每年发表4 000~8 000篇的水平。中国科学家发表文章的数量则是逐年迅速增长。1996年仅为3 000多篇,2004年增加到8 000多篇,2007年接近17 000篇了,紧随美国之后。但这只是从数量上来讲,我们当然应该看到自己的不

科学、技术与社会集

　　足,要通过艰苦努力提高质量。在这一点上,绝对不能盲目乐观,说我们跟美国一样了,远远超过德国、日本、俄罗斯、法国、英国,不是这么回事。

　　以上是国家科学技术发展积极的一面。可是,我们还需要看到另外一面。刚才说了,国家科研经费大幅增长,科学家,特别是中青年科学家非常高兴。实际上,还有大家没有意识到的另一部分为之高兴的人,他们是外国仪器商、试剂商和科技期刊出版商!因为这些经费中相当大的部分,有时候高达60%以上,是用于购买国外的仪器和试剂的;然后科学家们辛辛苦苦做研究,研究的成果到哪儿去了呢?通过刚才的论文指标可以看出,大量论文投到国外杂志上去了。所以,我把这种状况概括为"两头在外",即仪器试剂购买在外,论文成果发表在外。我们不禁自问,即使我们的科技论文在国外发表得再多,我们能说自己是科技大国和科技强国吗?从国家层面和科学家良心的角度看,能容忍这种状态持续下去吗?我们正在建立一个自主创新的国家,包括科学技术自主创新,我们必须要改变这种被动的局面。

　　关于被动的局面,我还有另一概括,即有些科学家,包括我们学校某些著名教授是名声在外或追求名声在外,却"国内陌生"或不在乎"国内陌生"。他们力求在国际学术圈内建立影响,这固然是中国科学走向国际很重要的一步,但是,支持他们研究的中国纳税人却很少知

建设基于中国科技发展的国际学术交流平台

道他们做了些什么。这种情况与科学传播和科普宣传不够有关,但也反映了一些科学家,除很少一部分适合从事纯基础理论的研究者外,还没有足够关注国家社会经济发展对科学技术的需求。令人不解的是,即便是在国内的科学共同体中,在自己的专业领域内的同行对其研究也不一定很清楚。他们不愿意把研究成果发表在国内出版的学术期刊上,或者不愿意引用国内科技期刊发表的相关论文,即使这些期刊已经国际化或具备了国际学术交流功能。很多资深的科学家为此忧心忡忡,多次呼吁正视和逐步改变"两头在外"和"国内陌生"的状况。

我们需要冷静地思考一些问题。比如,如何从迈向国际科技大国和科技强国的角度,建立国家级的学术交流平台,利用现在已有的丰富的研究成果资源,培育优秀学术期刊,健全国家科学技术创新体系。随着科学技术的发展,中国必须要有具有国际影响的优秀学术期刊,《国家中长期科学和技术发展规划纲要(2006—2020年)》中讲得很清楚,不仅我们的R&D投入要达到GDP的2.5%,更重要的是我们的科学技术对社会经济发展的贡献率要提高到60%以上,对国外高技术的依赖程度要降到30%以下。据一些比较了解情况的人士说,一旦先进国家对中国实行全面禁运的话,我们许多依赖高技术的建设项目会马上出现问题,说明我们现在对国外的

科学、技术与社会集

依赖程度还是很高的。特别是年轻学者以及青年学生，肩负着非常重要的责任，我们作为一个大国，青年学者有责任和义务致力于改变这种状态。

《国家中长期科学和技术发展规划纲要（2006—2020年）》还有一个指标，要求本国的专利授权量以及科学论文在国际上的学术影响力要提高到前五名，也就是说要与英国、德国、日本、法国这些国家相当。刚才讲了，我们的论文数量已经赶上并超过了这些国家，但我们的质量除了个别方面以外，总体上和这些国家还有相当的距离。有人也许会问，提高国家总体学术论文质量与办好学术期刊有什么关系？非常有关系！因为重要学术期刊影响着科学技术研究的方向，总体学术论文质量的提升有赖于有主导权的国际性学术期刊。中国科学技术协会主席韩启德教授有一个观点，他说每个国家要发展自己的科学技术，就要依靠自己的学术共同体，而好的学术共同体必须要有自己优秀的学术刊物，作为学术交流平台和维系学术共同体成员的纽带。一个国家科技期刊的水平，反映着这个国家的科技实力和科学共同体的凝聚力。他的这段话讲得入木三分。科学家向期刊投稿，是否被接受发表，办刊者并没有绝对的学术"天平"。作者对不公正的评审虽然可以申诉，但没有任何"胜诉"主导权。中国学者追求在国际名刊上发表优秀论文，忍气吞声的境遇并不鲜见。所以，我们建设

建设基于中国科技发展的国际学术交流平台

国家创新体系,必须要足够重视培育和创建有主导权的国际学术交流平台,即我们中国自己的国际性学术大刊。

科学杂志是在17世纪中叶作为图书功能的一个补充手段出现的。文艺复兴开启了现代科学的发展,原有图书形式已远远不能适应愈来愈多的科学新发现的展示和交流需要,于是科学期刊就应运而生了。1965年,法国和英国各创办了一个杂志,此后的300年间,全世界创办的科技杂志多达10万种以上。我国现有科技期刊近5000种,数量之多仅次于美国。现在,电子期刊替代传统纸版期刊已成为新的趋势。一个有趣的现象是,文艺复兴以后,科学技术的重心从意大利依次转移到英国、法国和德国,然后转移到美国,科学期刊的重心也是紧随其后,依照这个轨迹转移的。我们有理由期待,中国有朝一日会成为科技强国或科技强国之一,中国也一定要成为世界科技期刊的重心。可是,我们的现状却是与此恰恰相反,科技论文产出越来越多,而发表在国内学术期刊上的重要论文的比例却越来越少。现在应该是全国科技界上下一起行动,扭转这种被动局面的时候了。当然,扭转这种被动局面,首先还要国家层面给予足够的重视。一位长期关心国内科学发展的著名华裔学者对我说,中国政府科技投入很多,现在情况比美国还要好,科学家做研究很努力,科学产出也越来越多;但

是,大量科研成果产出拥堵,找不到出口,听任国外大刊摆布,国家有关主管部门还没有认识到这个问题。如果国家现在拿出一点钱,仅仅相当于几个重大研究项目的经费就够了,稳定资助,办好一批国际性大刊,一定会加倍提高中国科学研究成果产出的国际竞争力和影响力,加倍推动国家科技事业的发展,这是一件事半功倍的大事情。

　　下面我想谈一个相关的具体问题,即如何办好《中国科学》和《科学通报》(简称"两刊")的问题。"两刊"是系列学术期刊,现在《中国科学》有物理学、力学和天文学,数学,化学,生命科学,地球科学,技术科学,信息科学等七个学科辑,各辑和《科学通报》一样有中英文两版。"两刊"是中国科学院主管并与国家自然科学基金委员会共同主办,由中国科学杂志社出版的面向全国科学家的学术交流平台。它是伴随着中国科学院的诞生和发展而共同发展的。我们非常高兴地看到,它在诞生后最初的二三十年间,基本上成为了中国科学家发表最好的研究成果的唯一阵地,优秀年轻学者将在"两刊"上发表文章视为梦寐以求的事情。可以说,"两刊"记录了新中国成立后二三十年间科学发展的历程和辉煌成就。只是到了后来,特别是以SCI"影响因子"主导的科技评价体系泛化、学术质量似乎等同于"影响因子"之后,情况才有了变化,"两刊"失去了昔日的辉煌。为此,前任

建设基于中国科技发展的国际学术交流平台

"两刊"主编周光召先生和各辑执行主编们联合提出在中国科学院学部平台办好"两刊"的动议，即动员广大的院士、团结全国科学家共同办好面向全国科学家的国家级科学期刊。中国科学院学部主席团吸纳这一建议并做出相应决定，成立了由中国科学院、国家自然科学基金委员会、中国科学技术协会、科学技术部、教育部及著名研究型大学代表组成的"两刊"理事会，通过了"两刊"的总体定位：报道国内外重要科学进展，全面反映我国科学研究的总体水平和优秀成果，促进科学发展和学术交流。"两刊"中文版与英文版的区别定位是：中文版为华语科学界全面提供科学研究动态和研究成果信息，对国内的基础研究发挥借鉴和引导作用；英文版作为全面展示中国科学研究总体面貌、动态和成果的窗口，报道国内外重要科学进展，促进国内外学术交流。《中国科学》各学科辑与《科学通报》的定位区别是：《中国科学》各辑主要报道相关学科重要的研究成果以及学科发展趋势；《科学通报》快速报道最新研究动态、消息、进展，点评研究动态和学科发展趋势。中国科学院学部动员广大院士以及院士们所在的实验室和单位，联系国外同行积极为"两刊"投稿和审稿。学部主席团还仿效美国科学院的相应办法做出正式决定，要求新当选的院士向"两刊"投稿，在"两刊"上反映其学术成就。

  根据科学家的建议，现在"两刊"中文版和英文版内

容正在逐渐分开,也就是说中英文两版发表的文章不一定是一一对应的。中文版的目的是要向国内或者整个华语世界提供全面的科学研究动态和研究成果信息,对国内的基础研究起到指导或者是引领的作用。英文版是要全面展示中国科学研究的重要成果和总体面貌。

  为了办好国家层面的科学期刊,国家自然科学基金委员会主动和中国科学院联手办刊,将由其主办的《自然科学进展》与"两刊"合并。这一举措得到国家新闻出版总署的高度重视和大力支持。新的《中国科学》英文刊名由原来的"Science in China"改成了"Science China",尽管只是两个字母的区别,但意义就非常不一样了。德国某著名出版社的一位执行董事说,这一刊名的更改表明,你们在办一个基于中国科学发展的世界性的科学杂志。让我们共同努力,创办与中国科学同行的国际性学术大刊!